Josef Thon, Ulli Volk

Bau kan Mist!

Stadt Wien – MA 48-Abfallwirtschaft, Straßenreinigung und Fuhrpark

Die Magistratsabteilung 48 der Stadt Wien – Abfallwirtschaft, Straßenreinigung und Fuhrpark – übernimmt zahlreiche Aufgaben der Daseinsvorsorge für die Bürgerinnen und Bürger. Dazu gehören Bewusstseinsbildung, Maßnahmen zur Abfallvermeidung wie der Betrieb der beiden Filialen des 48er-Tandlers, die Straßenreinigung, die Kontrollen und Bestrafung von Littering durch WasteWatcher, der Betrieb der Mistplätze und Problemstoffsammelstellen, die Sammlung von Abfällen, die öffentlichen WC-Anlagen, der Winterdienst, der Abschleppdienst sowie das Zentrales Fundservice der Stadt. Weiters obliegt der Magistratsabteilung 48 der Betrieb der Deponie Rautenweg, des Kompostwerks Lobau, der Biogasanlage Wien, des Technik Centers sowie des städtischen Fuhrparks und Services für Gewerbebetriebe & Veranstalter*innen.

Eckdaten:

3.000 Mitarbeiter*innen

470.000 Restmüll- und Altstoffbehälter

1 Million Tonnen Abfall: Sammlung kommunaler Abfällen pro Jahr

2.800 km Straßennetz: Reinigung und Winterdienst

www.abfall.wien.at

Josef Thon, Ulli Volk

BAU KAN MIST!

Mit 48 Schritten zu Zero Waste
und vielen Tipps für jeden Einzelnen

Impressum

© April 2024 Josef Thon
weitere Mitwirkende: Ulli Volk

Herstellung und Verlag:
BoD – Books on Demand, Norderstedt

ISBN: 978-3-7583-8185-0

Vorwort –
Stadtrat Jürgen Czernohorszky

© Votava

Die Klimakrise ist evident. Sie zwingt uns, neue Wege einzuschlagen, unsere Wirtschaft neu aufzubauen. Hin zu einer zirkulären Wirtschaft. Ziel ist es, Ressourcen solange wie möglich im Kreislauf zu führen.

Dementsprechend steht auch die Wiener Abfallwirtschaft vor großen Herausforderungen – aber auch Chancen –, sich weiter zu entwickeln und ihren Beitrag zum Klimaschutz zu leisten. Da geht es zu allererst natürlich um Abfallvermeidung, aber auch um Wertstoffgewinnung aus den verbleibenden Abfällen. Mit diesen Sekundär-Rohstoffen wird wiederum die Wirtschaft versorgt.

Zero Waste heißt daher nicht, dass es bald nichts mehr für die 48er zu tun oder dass es keinen Abfall mehr geben wird. Zero Waste bedeutet „Null Verschwendung". Abfälle, die nicht vermieden werden können, sollen im Kreislauf gehalten und recycelt werden. Der Beitrag der Stadt Wien besteht aus einem intelligenten Mix aus Abfallvermeidung, Recycling und Energiegewinnung. Visionäres Ziel ist es, dass in Zukunft nichts mehr deponiert wird, also sogar die Schlacken und Aschen, die heute noch auf der Deponie abgelagert werden müssen, weiter genutzt werden.

Abfälle sind aber auch der Spiegel unserer Konsum-Gesellschaft.

Daher bleibt die Frage für die Gesellschaft, ob wir uns so ändern können, um nachhaltiger zu leben. Zu einer Gesellschaft jenseits des ökonomischen Wachstumszwanges. Nur durch eine solche Umstellung können wir die die Abfallmengen und damit einen wichtigen Teil der Klimakrise in den Griff bekommen.

Hier setzen wir auch bei der Klima-Tour in Wiener Schulen und im öffentlichen Raum an: Interaktive Wissensvermittlung mit konkreten Handlungsanleitungen, was man selbst und die Gesellschaft tun können, um Klimaschutz auf allen Ebenen voranzubringen. Neben Grünraum, Wasser, Energie etc. widmet sich ein maßgeblicher Themenblock eben auch der Wiener Kreislaufwirtschaft.

Mit „48 Schritten zu Zero Waste" wird gezeigt, was die Stadt, die 48er und wir alle bereits bewegt haben und was wir künftig im Bereich der Abfallwirtschaft noch umsetzen wollen.

Danksagung

Die in diesem Buch angeführten Maßnahmen und Visionen stammen von unterschiedlichsten Akteur*innen der Abfallwirtschaft.

Der Dank gilt den ehemaligen und aktuellen Umweltstadträt*innen und den Bürgermeistern der Stadt Wien, ohne deren Unterstützung Vieles nicht umgesetzt werden hätte können. Dies reicht von der Schaffung rechtlicher Rahmenbedingungen bis hin zur Bereitstellung der nötigen finanziellen Mittel.

Viele Dienststellen der Stadt – allen voran die Stadt Wien – Umweltschutz leisten einen wertvollen Beitrag, die Wiener Abfallwirtschaft voranzubringen. Mit Projekten wie dem Reparaturbon werden auch internationale Maßstäbe gesetzt.

Ideen und Inspirationen stammen auch von den deutschen Pendants der 48er, den kommunalen Entsorgungsbetrieben wie Berlin, Hamburg oder München.

Gemeinsam mit der Wien Energie wurde die Abfallbehandlung in Wien vorangetrieben.

Auch den Mitarbeiter*innen der MA 48 gebührt eine außerordentliche Anerkennung: Sie sind diejenigen, welche die 48er-Maßnahmen zu einem Gutteil initiieren und umsetzen.

© Pixabay

© ISWA

INHALTSVERZEICHNIS

Zero Waste und Kreislaufwirtschaft

Zero Waste

„Zero Waste"-Maßnahmen tragen dazu bei, dass sich die Gesamtmenge an Abfällen immer weiter reduziert und der Anteil der stofflichen Verwertung erhöht wird.

Gleichzeitig werden mittel- bis langfristig Abfälle existieren, für die keine ökologisch sowie ökonomisch sinnvolle stoffliche Verwertung möglich ist.

Es wird daher leider immer Müll[1] anfallen, welcher dem Recycling nicht vollständig zugeführt werden kann – sei es im privaten Haushalt, der Industrie oder der Recyclingwirtschaft. Beispielsweise kommt es im Zuge des Sortierprozesses oder während des Recyclings zu Verlusten von Wertstoffen. D.h. jedes Produkt wird einmal zum Abfall. Es ist nur eine Frage der Zeit, wann dies eintritt.

> **Für uns ist Zero Waste ein Synonym für „Keine Verschwendung":**
>
> Zero Waste strebt an, Ressourcen nicht zu verschwenden, sondern mittels verantwortungsvoller Produktion, Wieder- bzw. Weiterverwendung, Trennung und Rückgewinnung sowie nachhaltigem Konsum von Produkten, Verpackungen und Materialien in Kreisläufen zu führen, um auf diese Weise Abfälle zu minimieren.

Die Müllmengen werden reduziert und Recycling maximiert, sodass schlussendlich nichts mehr deponiert werden muss.

---

[1] Der Begriff „Müll" ist das umgangssprachliche Synonym für den Begriff Abfall.

Laut der Zero Waste International Alliance wird Zero Waste folgendermaßen definiert [1]:

"Zero Waste ist ein sowohl pragmatisches als auch visionäres Ziel, das die Menschen dazu anleiten soll, nachhaltige natürliche Kreisläufe nachzuahmen, in denen alle weggeworfenen Materialien Ressourcen sind, die andere nutzen können. Zero Waste bedeutet, Produkte und Prozesse so zu gestalten und zu managen, dass das Volumen und die Toxizität von Abfällen und Materialien reduziert, alle Ressourcen erhalten und wiedergewonnen und nicht verbrannt oder vergraben werden. Durch die Umsetzung von Zero Waste werden alle Einträge in Boden, Wasser oder Luft vermieden, die eine Bedrohung für die Gesundheit des Planeten, der Menschen, der Tiere oder der Pflanzen darstellen könnten."

Hierfür soll das Verhalten nach den folgenden 5 „R" ausgerichtet werden:

- ***REFUSE*** *= Verweigern: Geht es auch ohne dieses Produkt?*
- ***REDUCE*** *= Reduzieren: Brauche ich so viel?*
- ***REUSE*** *= Wiederverwenden: Kann ich das noch einmal benutzen?*
- ***RECYCLE*** *= Verwerten: Kann ich das in den Kreislauf rückführen?*
- ***ROT*** *= Kompostieren: Kann der biogene Abfall kompostiert werden?*

Kreislaufwirtschaft

Mit der Kreislaufwirtschaft sollen Produkte und Materialien so lange wie möglich erhalten bleiben. Der Lebenszyklus wird verlängert bzw. die Nutzungsintensität gesteigert, wenn diese gemeinsam mit anderen genutzt, geleast, wieder- bzw. weiterverwendet, schonend genutzt, repariert, aufgearbeitet und recycelt werden.

Dadurch werden Abfälle massiv reduziert. Nach Erreichen des Endes des Lebenszyklus gelangen die Ressourcen und Materialien erneut in die Produktion. Sie werden also immer wieder genutzt, um weiterhin Wertschöpfung zu generieren.

Die Kreislaufwirtschaft ist daher konträr zum bisherigen linearen Wirtschaftsmodell zu sehen. Bei diesem geht es um das Inverkehrbringen großer Mengen an billiger Ware minderer Qualität. Das Ergebnis davon ist die Wegwerfgesellschaft.

Das Europäische Parlament fordert im Entwurf der Ökodesign-Richtlinie Maßnahmen gegen die künstlich herbeigeführte Produktalterung (geplante Obsoleszenz).

Werden diese Voraussetzungen für Kreislaufwirtschaft geschaffen, müssen natürlich auch die Konsument*innen mitspielen, indem sie die neuen Geschäftsmodelle (z.B. Nutzen statt Kaufen) annehmen, sorgsam mit Produkten umgehen bzw. Reparaturen durchführen (lassen) – und damit die Nutzungsintensität verlängern. Ist das tatsächliche Lebensende erreicht, müssen die Abfälle als „Wertstoffe" der Entsorgungswirtschaft übergeben werden – sprich getrennt gesammelt werden. Als Ergänzung können Behandlungstechnologien Wertstoffe aus Reststoffen gewinnen. Diese Sekundärrohstoffe können somit wieder in die Produktion rückgeführt werden.

Die Abfallwirtschaft ist Teil der Kreislaufwirtschaft. Sie versorgt die Industrie mit Sekundärrohstoffen und Energie, wodurch die Effekte des Klimawandels und der Rohstoffverknappung reduziert werden.

Die Industrie, die Produktion, der Handel, die Bevölkerung sowie die Entsorgungswirtschaft können nur gemeinsam Stoffkreisläufe schließen.

Modell der Kreislaufwirtschaft. (© Europäisches Parlament [2])

Zero Verschwendung – Fallbeispiel Kleidungsstück

1. **<u>Produktion:</u>**

- Nachhaltigkeit: Anbau/ Viehwirtschaft für Primärfasern, Verwendung von Sekundärfasern (d.h. von recycelten Fasern).
- Rezyklierfähigkeit: Verwendung von Monomaterialien, d.h. kein Materialmix bei Garnen (z.B. Baumwolle mit Viskose).
- Verzicht auf Schadstoffe.
- Regionale Herstellung (regionale Arbeitsplätze/Wertschöpfung, kurze Transportstrecken).
- Kennzeichnung des verwendeten Materials für die erleichterte Erkennung in Sortieranlagen.

2. **<u>Einkauf/Verwendung – Rolle der Konsument*innen:</u>**

- Verzicht auf Dinge, die nicht gebraucht werden.
- Regionaler Einkauf auch in Secondhand-Shops.
- Qualität vor Quantität und gleichzeitig Geld sparen.
- Lange Verwendung durch schonende Behandlung.
- Weitergabe an Freund*innen/Verwandte/Sammeleinrichtungen, wenn's nicht mehr passt/gefällt.
- Ausbessern von kleinen Schäden.
- Wenn's dann doch einmal kaputt ist: Nutzen der Sammeleinrichtungen.

3. **<u>Entsorgungswirtschaft:</u>**

- Bereitstellung der nötigen Sammelinfrastruktur.
- Schaffung regionaler Sortierkapazitäten.
- Weiterentwicklung der eingesetzten Sortier- und Verwertungstechnologien.
- Energetische Verwertung, sobald die Fasern nicht mehr stofflich genutzt werden können.

Nichts wird verschwendet!

*ZERO Verschwendung und Kreislaufwirtschaft durch den Einkauf von Secondhand-Produkten, Reparatur, Verschenken an Freund*innen bzw. Abgabe von gut erhaltenen Altstoffen bei Sammelstellen.*
(© oben: feelimage/Felicitas Matern; mittig: Pixabay, unten: MA 48)

Zero Verschwendung – Fallbeispiel Elektrogerät

1. **<u>Produktion/Wirtschaft:</u>**

- Langlebigkeit (Verlängerung von Garantieansprüchen).
- Keine geplante Obsoleszens (künstlich herbeigeführte Verkürzung der Lebensdauer/Nutzungsphase).
- Reparaturfreundlichkeit: Keine feste Verbauung (z.B. Schweißnähte).
- Öffentlich zugängliche Reparaturanweisungen.
- Verfügbarkeit von Ersatzteilen.
- Einsatz von recycelten Wertstoffen.
- Schaffung alternativer Dienstleistungsangebote (z.B. Leasing).

2. **<u>Einkauf/Verwendung – Rolle der Konsument*innen</u>**

- Verzicht auf Dinge, die nicht gebraucht werden.
- Nutzung des Angebots von Verleihservices und Tauschangeboten.
- Regionaler Einkauf, auch in Secondhand-Shops.
- Qualität vor Quantität und gleichzeitig Geld sparen.
- Lange Verwendung durch schonende Nutzung.
- Weitergabe an Freund*innen/Verwandte/Sammeleinrichtungen, wenn's nicht mehr benötigt wird.
- Nutzung des Reparaturangebots bzw. selbst reparieren.
- Wenn's dann kaputt ist: Nutzen der Sammeleinrichtungen.

3. **<u>Entsorgungswirtschaft</u>**

- Bereitstellung der nötigen Sammelinfrastruktur.
- Regionale Sortierkapazitäten & moderne Sortiertechnologien, um die Wertstoffgewinnung zu maximieren.
- Energetische Verwertung von brennbaren Bestandteilen, welche nicht recycelt werden können.

Nichts wird verschwendet!

Abfall- und Kreislaufwirtschaft

Ressourcenschonung und Klimaschutz sind eng mit der Abfallwirtschaft verknüpft. Wir hantieren täglich mit Abfällen, d.h. mit Wertstoffen. Abfälle müssen vermieden bzw. sinnvoll weiterverarbeitet werden, um das Beste aus ihnen herauszuholen: Sekundär-Rohstoffe und Energie aus brennbaren, nicht verwertbaren Abfällen.

Abfälle sind somit nichts Anderes als Rohstoffe. Diese müssen durch ein schlaues Abfallmanagement „geschürft" werden.

Das ist oft mit weniger Aufwand verbunden als (Primär-)Rohstoffe in der Natur oder in Minen umweltschädlich abzubauen und energieintensiv weiterzuverarbeiten.

Primärrohstoffe sind heute dennoch oft billiger als Sekundärrohstoffe. Dies entspricht aber nicht der Kostenwahrheit, da Folgekosten – etwa aufgrund von Beeinträchtigungen der Gesundheit bzw. Umweltschäden (z.B. im Zuge des Abbaus von Rohstoffen, der Verarbeitung oder durch Transporte um die halbe Welt) – nicht berücksichtigt werden.

Durch Wiederverwertung werden Ressourcen gespart und klimaschädliche Emissionen reduziert.

Die Kreislaufwirtschaft versorgt die Industrie bzw. die Bevölkerung mit Rohstoffen und Energie.

Der (fast) perfekte Kreislauf

Was bedeutet Kreislaufwirtschaft bzw. „Null-Verschwendung" in der Praxis? Wo müssen wir weltweit ansetzen? Das Systemdiagramm der Kreislaufwirtschaft auf der nächsten Seite – auch bekannt als Schmetterlingsdiagramm [3] – veranschaulicht den kontinuierlichen Materialfluss in einer Kreislaufwirtschaft. Es gibt zwei Hauptkreisläufe – den technischen und den biologischen Kreislauf. Im technischen Kreislauf werden Produkte und Materialien durch Prozesse wie Wiederverwendung, Reparatur, Wiederaufbereitung und Recycling im Kreislauf gehalten. Im biologischen Kreislauf werden die Nährstoffe aus biologisch abbaubaren Materialien der Erde zurückgeführt, um die Natur zu regenerieren.

Abfallvermeidung hat auch hier höchste Priorität. Je enger der Kreis ist, umso geringer sind der Materialverbrauch sowie die Umweltauswirkungen insbesondere hinsichtlich Ressourcenabbau und Treibhausgasemissionen. Die längere Nutzung von Materialien ist hierbei der größte Faktor.

Die Grafik gemäß der österreichischen Kreislaufwirtschaftsstrategie [4] veranschaulicht die Kreislaufgrundsätze anhand einer 10-stufigen Einteilung, dabei ist die intelligente Nutzung und Herstellung der Verlängerung der Lebensdauer vorzuziehen. Schlusslicht stellt die Verwertung der Materialien dar. Natürlich gehen auch die einzelnen Stufen mit Ressourcenverbrauch und Emissionen einher (Seite 21).

Die beiden Grafiken veranschaulichen, dass es **leider keinen 100%ig geschlossenen Kreislauf** gibt. Es werden immer Abfälle übrigbleiben, welche energetisch verwertet werden müssen – sprich in der Müllverbrennungsanlage landen. Allerdings kann diese Menge durch den sorgsamen Umgang mit unseren Ressourcen maßgeblich reduziert werden.

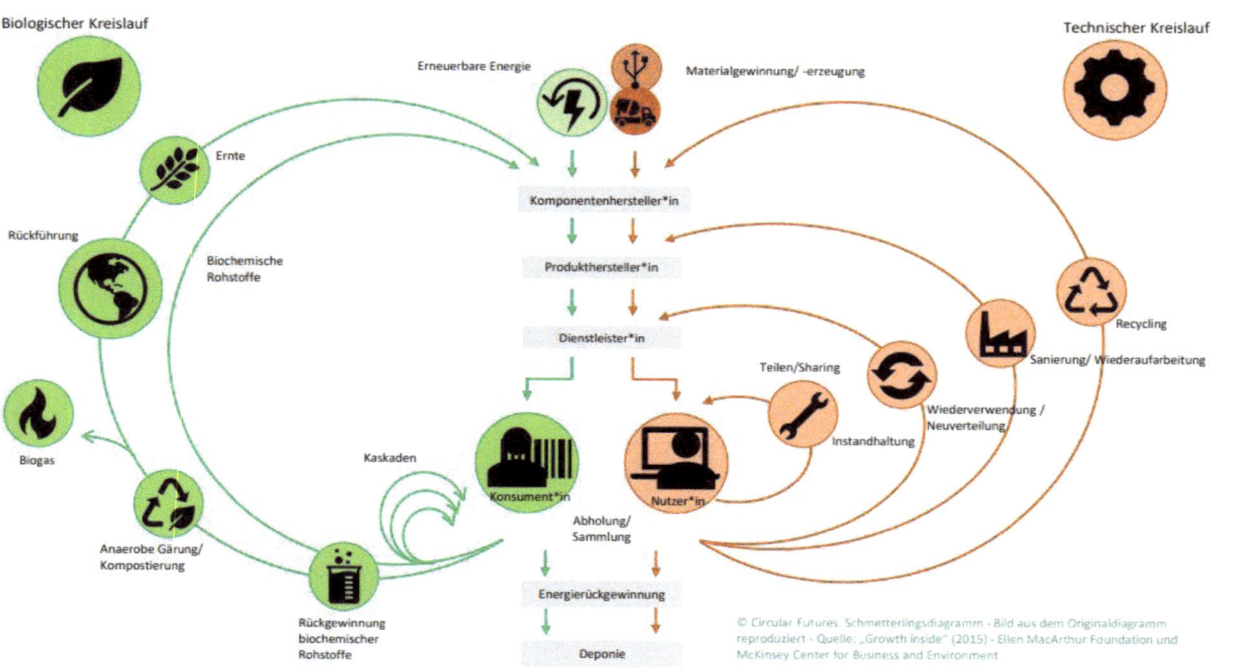

Schmetterlingsdiagramm Kreislaufwirtschaft. (© Klimabündnis Österreich [3])

Kreislaufwirtschaft

Intelligente Nutzung und Herstellung
von Produkten und Infrastruktur

1. Refuse — **Überflüssig machen.** Produkte werden überflüssig, der Produktnutzen wird anders erbracht

2. Rethink — **Neu denken und zirkulär designen.** Produkte neu gestalten und intensiver nutzen z.B. durch Teilen

3. Reduce — **Reduzieren.** Steigerung der Effizienz bei der Produktherstellung oder -nutzung durch geringeren Verbrauch von natürlichen Ressourcen und Materialien

Verlängerte Lebensdauer von Produkten,
Komponenten und Infrastruktur

4. Reuse — **Wiederverwendung.** Funktionsfähige Produkte wiederverwenden

5. Repair — **Reparatur.** Produkte warten und durch Reparatur weiternutzen

6. Refurbish — **Verbessern.** Alte Produkte aufarbeiten und auf den neuesten Stand bringen

7. Remanufacture — **Wiederaufbereiten.** Teile aus defekten Produkten für neue Produkte nutzen, die dieselben Funktionen erfüllen

8. Repurpose — **Anders weiternutzen.** Teile aus defekten Produkten für neue Produkte nutzen, die andere Funktionen erfüllen

Wiederverwerten
von Materialien

9. Recycle — **Recycling.** Aufbereiten von Materialien, um eine hohe Qualität zu erhalten und sie wieder in den Materialkreislauf zurückführen

10. Recover — **Thermische Verwertung** mit Energierückgewinnung

Die 10 Grundsätze der österreichischen Kreislaufstrategie. Die Zirkularität nimmt von oben nach unten ab.
(© BMK, basierend auf Potting et al.)

Die 10 Grundsätze der österreichischen Kreislaufwirtschaftsstrategie – Beispiele Stadt Wien

1. Refuse **Überflüssig machen**	<ul><li>digitale Verwaltung.</li><li>Abfallberatung.</li><li>Öffentlichkeitsarbeit.</li><li>immatriellen Konsum forcieren.</li></ul>
2. Rethink **Neu denken/zirkulär designen**	<ul><li>für Mitarbeiter*innen:<ul><li>Jahreskarten für öffentliche Verkehrsmittel</li><li>Poolfahrräder</li><li>Digitale Telefonie</li></ul></li><li>Unterstützung innovativer Ideen durch Förderungen der Stadt Wien.</li><li>Vermietung 48er-Geschirrmobil für Veranstaltungen.</li><li>Kleidertauschbörsen forcieren.</li><li>Unterstützung Leihläden.</li><li>Beratung von Betrieben.</li><li>Öffentlichkeitsarbeit.</li></ul>
3. Reduce **Reduzieren**	<ul><li>für Mitarbeiter*innen:<ul><li>Poolautos</li><li>Gemeinschaftsdrucker</li><li>PUMA – Programm Umweltmanagement im Magistrat</li></ul></li><li>ÖkoKauf - Ökologische Beschaffung.</li><li>Öffentlichkeitsarbeit.</li></ul>
4. ReUse **Wiederverwenden**	<ul><li>48er-Tandlerboxen auf den Mistplätzen.</li><li>Verkauf von Altwaren im 48er-Tandler.</li><li>Weitergabe von Altwaren an karitative Organisationen.</li><li>Zusammenarbeit mit Expert*innen/Partnerbetrieben.</li><li>Öffentlichkeitsarbeit.</li></ul>

5. Repair **Reparieren**	• Fahrzeuge. • Papierkörbe. • Abfallbehälter. • Unterstützung Repair-Cafes. • Reparaturbon. • Mistfest. • Öffentlichkeitsarbeit.
6. Refurbish **Wiederaufbereiten**	• Abgegebene, aber funktionstüchtige PCs mit neuen Betriebssystemen ausstatten.
7. Remanufacture **Verbessern**	• Ersatzteile aus kaputten Fahrrädern/Fahrzeugen/Müllbehältern für Reparaturen nutzen.
8. Repurpose **Anders weiternutzen**	Nutzung … • ehemaliger Container für die Problemstoffsammlung als 48er-Tandlerboxen. • entfernter Einkaufswagerln für den Büchertausch. • Altstoffbehälter als Nistkästen für Habichtskäuze oder Umbau zu Regentonnen. • ehemals abgelagerte Steine der Reichsbrücke als Sitzgelegenheiten. • Dachbalken des ehemaligen Rinterzeltes als Tisch. • 48er-Museum für historische Fahrzeugen/Papierkörben/Besen etc. • Abfälle für die Einrichtung des 48er-Tandlers aufarbeiten. • Putzfetzen aus Alttextilien.

9. Recycle **Recycling**	<ul><li>getrennte Sammlung</li><li>Wertstoffrückgewinnung durch die Sortierung von Restmüll im Abfalllogistikzentrum, durch die Abscheidung von Metallen und Glas aus Verbrennungsrückständen</li><li>Kompostierung im Kompostwerk Lobau</li><li>Einsatz von Kompost in der Landwirtschaft sowie zur Erdenherstellung „Guter Grund".</li><li>Einsatz von Recyclingmaterialien z.B.<ul><li>als Baustoff in der neuen 48er Unterkunft in Simmering</li><li>in dem Altspeiseölbehälter Wöli</li><li>in Restmüll- und Altstoffbehältern</li></ul></li></ul>
10. Recover **Energetisch verwerten**	Produktion/Nutzung/Einspeisung von<ul><li>Strom, Fernwärme und Fernkälte aus der Müllverbrennung (Wr. MVAs).</li><li>Fernwärme und Bio-Erdgas aus der Wiener Biogasanlage.</li><li>Strom und Nahwärme aus Deponiegas von Altablagerungen auf der Deponie Rautenweg.</li></ul>

Die 10 Grundsätze der Kreislaufwirtschaft – Beispiele der Stadt Wien. Die Beschreibung der Maßnahmen erfolgt ab Seite 58)

MA 48 und Kreislaufwirtschaft

In Wien fallen pro Jahr rund 8 bis 10 Millionen Tonnen an Abfällen an. Die 48er ist hierbei nur für einen Teilstrom – die kommunalen Abfälle – zuständig. Das sind rund 1 Million Tonnen bzw. 10 % der in Wien anfallenden Abfälle.

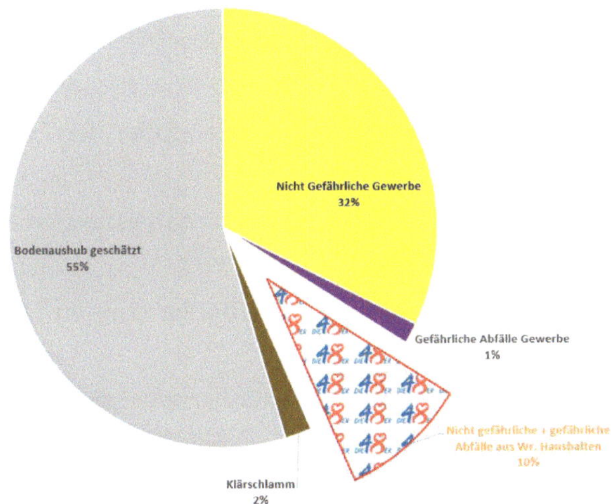

Der Großteil der Wiener Abfälle stammt aus dem Baubereich bzw. von Gewerbebetrieben. (© MA 48 auf Basis Abfallmengenstatistik 2020 der Stadt Wien – Umweltschutz)

Nicht kommunale Abfallströme:

Der Großteil der in Wien anfallenden Abfälle ist auf gewerbliche Tätigkeiten zurückzuführen. Dem Bauwesen kommt dabei eine Schlüsselrolle bei der Ressourcenschonung zu. Die größten Hebel sind die Vermeidung von Abfällen, die Verlängerung des Lebenszyklus sowie die Weiternutzung, etwa von Gebäudeteilen, und das Recycling. Auch die Vermeidung von Lebensmittelabfällen im Bereich der Landwirtschaft, des Transports und des Handels ist für die Reduktion von Ressourcen und Klimaemissionen von großer Bedeutung.

Die Stadt Wien nützt auch bei den nicht kommunalen Abfallströmen ihre Möglichkeiten, um die Entwicklung der Kreislaufwirtschaft zu unterstützen. Hier setzt sie insbesondere auf:

- die Beratung von Betrieben z.B. im Rahmen von Oekobusiness Wien [5].
- selbst auferlegten Kriterien im Rahmen des ökologischen Beschaffungsprogramms ÖkoKauf Wien [6].
- die Durchführung und Förderung von Pilotprojekten, welche beispielsweise den Gebäuderückbau, oder den Einsatz von Recyclingbaustoffen verfolgen.
- die Unterstützung von Reparaturdienstleistungen wie den Wiener Reparaturbon [7].
- der Vernetzung wichtiger Stakeholder (z.B. im Take-away-Bereich).
- der Bereitstellung von Informationsmaterialien wie etwa für die Gastronomie.

Das Alleinstellungsmerkmal der Stadt Wien ist hierbei die enge Kooperation unterschiedlicher Dienststellen wie der MA 22 – Umweltschutz, der MA 48, der Baudirektion oder der Bereichsleitung für Klimaangelegenheiten etc.

Aktuell entsteht die erste Unterkunft für Lenker*innen und Aufleger*innen der MA 48 mit Recyclingbaustoffen (siehe Seite 176). Damit geht die MA 48 mit gutem Beispiel voran – dies ist zugleich auch das erste diesbezügliche Projekt der Stadt Wien.

Es bedarf allerdings verbindlicher bundes- bzw. europaweiter Vorgaben, um diesen massenrelevanten Bereich der Kreislaufwirtschaft zu forcieren.

Kommunale Abfallströme:

Diese kommunalen Abfälle (umgangssprachlich von uns auch „Müll"
bzw. „Mist" genannt) fallen, grob gesagt, in den Haushalten der Stadt
Wien an. Daher liegt ein Fokus auf der Bewusstseinsbildung der
Bevölkerung mithilfe von Informationen zur Abfallvermeidung, zur
getrennten Sammlung und generell zur Sinnhaftigkeit von
ökologischen Verhaltensweisen. Die Bereitstellung einer
kund*innenorientierten Infrastruktur und umweltfreundlichen
Behandlungsanlagen sowie die Betreuung durch freundliche, coole
Mitarbeiter*innen motivieren zusätzlich zur Mülltrennung. Im Sinne
der Daseinsvorsorge erfolgen die Sammlung von Abfällen und die
Behandlung von Restmüll, von Verbrennungsrückständen sowie von
nicht verwertbaren Problemstoffen und biogenen Abfällen in Wiener
Anlagen durch die MA 48 bzw. die Wien Energie.

Die Stadt Wien hat bei Restmüll, Sperrmüll und den biogenen Abfällen daher die gesamte Entsorgungskette in eigener Hand. Neben der
Sammlung erfolgt auch die stoffliche bzw. energetische Verwertung
dieser Abfälle über die 48er bzw. die Wien Energie. Die daraus resul-
tierende Energie sowie der Kompost als natürlicher Dünger kommen
der Wiener Bevölkerung zugute. Aufgrund der höchsten Qualität
(A^+) des kommunal produzierten Komposts kann dieser auch im Biolandbau eingesetzt werden (siehe Seite 100).

Für Verpackungen wie Glasflaschen, Konserven, Plastikflaschen
sowie Elektroaltgeräte und Batterien gilt die „Hersteller- und
Produzentenverantwortung". Für diese Abfälle müssen die
Hersteller*innen bzw. Inverkehrbringer*innen die Kosten für die
Sammlung und Behandlung tragen. Die Abwicklung wird zumeist von
sogenannten Sammel- und Verwertungssystemen wie z.B. von der
Altstoff Recycling Austria AG (ARA) übernommen. Die MA 48
sammelt daher Verpackungen und Elektroaltgeräte im Auftrag

dieser Systeme. Die weitere Disposition zu Sortier- bzw. Verwertungsbetrieben erfolgt über die jeweiligen Systeme.

> Der **Fokus der 48er-Schritte zu Zero Waste und Kreislaufwirtschaft** liegt auf den **kommunalen Abfallströmen**. Diese Bereiche können wir aktiv mitgestalten. Unser Ziel ist es, nichts zu verschwenden und Kreisläufe zu schließen. Hierfür entwickeln wir gemeinsam mit weiteren Akteur*innen die Wiener Abfallwirtschaft stetig weiter.

Abfallwirtschaft und Klimaschutz

Klimaeffekte der Wiener Abfallwirtschaft

Der Beitrag der Wiener Abfallwirtschaft zum Klimaschutz ist messbar. Schon heute wird durch die Verwertung fast doppelt so viel CO_2 eingespart, als mit der Sammlung und Behandlung der Wiener Abfälle verursacht wird.

> **Pro Jahr werden durch die Wiener Abfallwirtschaft rund 330.000 Tonnen CO_2** (siehe Seite 110) in Österreich **eingespart.** Dabei wurden folgende Parameter als Gutschriften berücksichtigt:
>
> - Recycling von Wertstoffen in Verwertungsbetrieben AUSSERHALB Wiens.
> - Ersatz von mineralischen Düngemitteln und Torf durch die Produktion von Kompost bzw. der Kohlenstoffbindung durch die die Verwendung von Kompost im Boden.
> - Ersatz von fossilen Energieträgern durch die energetische Verwertung von Restmüll und Küchenabfällen.
> - Energiegewinnung aus Methanemissionen von organischen Altablagerungen aus den Zeiten, wo Restmüll noch direkt deponiert wurde. Der Methanaustrag in die Atmosphäre wird damit unterbunden und gleichzeitig Energie gewonnen.

Unglaublich: Jährlich kompensiert die Wiener Abfallwirtschaft 330.000 Tonnen CO_2. Das entspricht dem Volumen von 330.000 Würfeln mit einer Kantenlänge von etwa 8 Metern. (© Christian Houdek)

Klimaeffekte in Wien

Die zuvor genannten positiven Effekte der Wiener Abfallwirtschaft **beinhalten** auch das Recycling der gesammelten Altstoffe.

Werden rein die Emissionen betrachtet, welche innerhalb der Wiener Stadtgrenzen entstehen, so ergibt sich ein anderes Bild: Gemäß dieser Systemgrenze verursacht die Wiener Abfallwirtschaft rund 6 % aller CO_2-Emissionen Wiens. Diese stammen vor allem aus den Emissionen der Wiener Müllverbrennungsanlagen.

Dies bedeutet, es besteht ein Verbesserungspotential bei der getrennten Sammlung und bei der Abfallbehandlung. Überlegungen zur Optimierung wurden bereits gestartet.

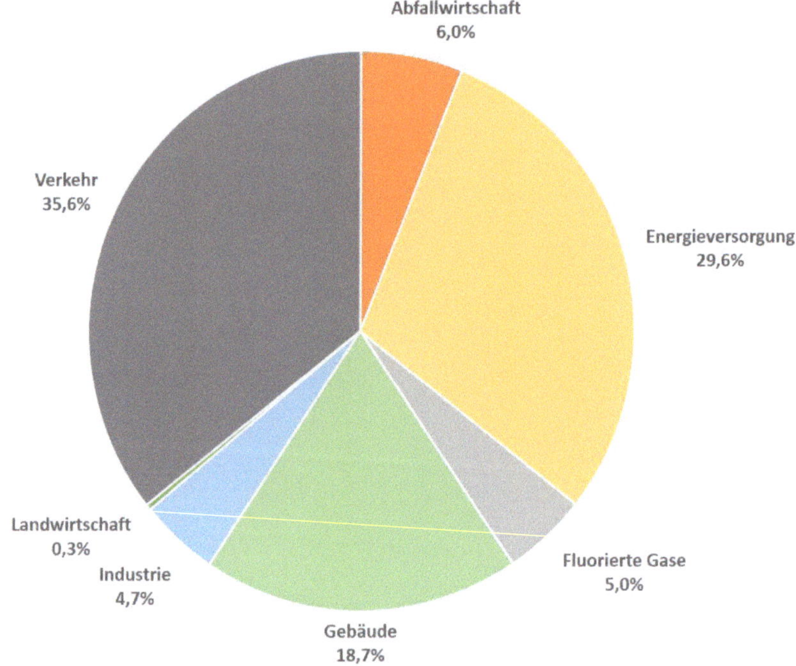

*Herkunft der Treibhausgasemissionen im Wiener Stadtgebiet nach Verursacher*innensektoren im Jahr 2020. (Quelle: Energiebericht 2023 der Stadt Wien, bearb. MA 48 [29])*

Geschafft – Unser Beitrag zur Kreislaufwirtschaft und zum Klimaschutz

Unsere Vision: Wir schreiben das Jahr 2050. Mit vereinten Kräften haben wir in Wien das scheinbar Unmögliche geschafft: Stoffkreisläufe sind im Bereich der kommunalen Abfallwirtschaft geschlossen. Nichts wird ungenutzt deponiert.

Es ist somit viel weitergegangen:

Abfälle werden so weit wie möglich vermieden, Produkte so lange wie möglich genutzt und es wird vermehrt auf Secondhand-Waren beim Einkauf geachtet oder auf Leasingmodelle zurückgegriffen.

Die dennoch anfallenden Abfälle werden weitestgehend getrennt gesammelt und recycelt. Neben der bereits bestehenden Energiegewinnung aus Restmüll und der Abscheidung von Metallen und Glas aus den Verbrennungsrückständen werden künftig durch technische Innovationen noch mehr Wertstoffe für die Metallindustrie oder die Bauwirtschaft aus Restmüll bzw. Verbrennungsrückständen gewonnen und recycelt.

Im Wien der Zukunft werden somit sämtliche Abfälle aus den Wiener Haushalten im Kreislauf geführt.

Nichts – also „Zero Waste" – muss mehr deponiert werden. Selbst Klärschlamm wird zur Gewinnung von Phosphor für die Produktion von Dünger verwendet.

Maximaler Ressourcen- und Klimaschutz durch ZERO Verschwendung:
• Abfallvermeidung. • Getrennte Sammlung. • Kompostierung. • Wertstoffgewinnung aus Restmüll. • CO_2-neutrale Energiegewinnung. • Wertstoffgewinnung aus Verbrennungsrückständen und Klärschlamm.
Wir bauen keinen Mist: **Zero Waste ist Kreislaufwirtschaft!**

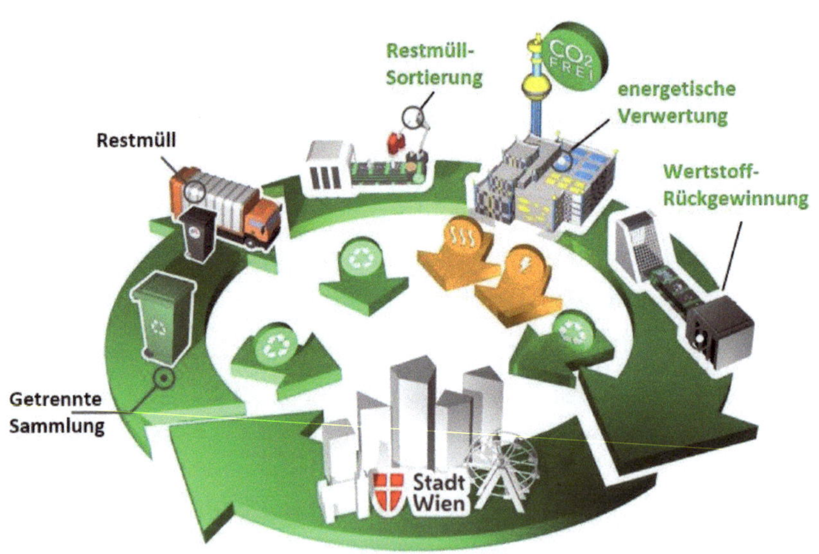

Die Wiener Abfallwirtschaft im Jahr 2050: Nichts wird verschwendet.
Vieles davon haben wir bereits umgesetzt.
(© Martin-Daniel Thamer)

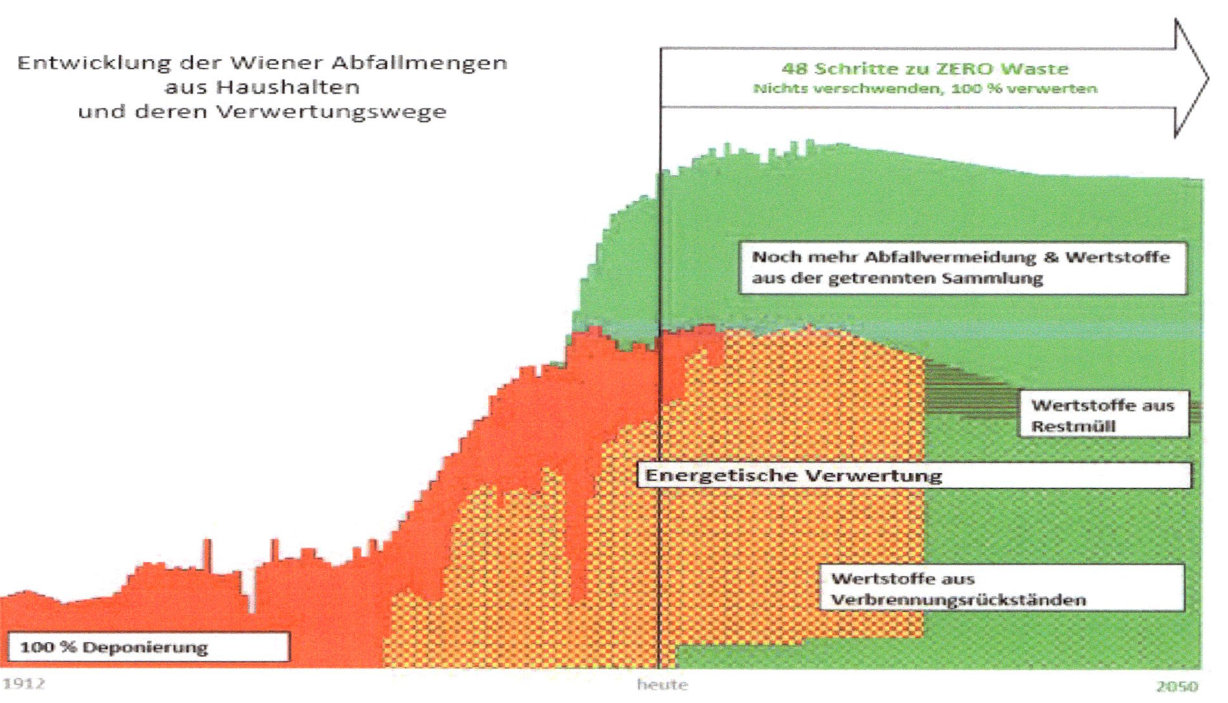

Unsere Vision zu Zero Waste: Maximaler Klimaschutz, maximale Wertstoffgewinnung. (© MA 48)

<u>Zurück zum Start – Wozu Kreislaufwirtschaft?</u>

Klimawandel

Die Lebensbedingungen auf der Erde verändern sich seit Jahrmillionen. Auf Wärmeperioden folgten Eiszeiten und umgekehrt. Ohne diesen Wandel gäbe es die Menschheit bzw. die Fauna nicht in der heutigen Form.

Während in der Vergangenheit große Veränderungen der Lebensbedingungen auf natürliche Ursachen, wie Vulkanausbrüche oder Meteoriteneinschläge, zurückzuführen waren, so ist ein Großteil der heutigen, rasant ansteigenden Belastung des fragilen Ökosystems „Erde" hausgemacht, also vom Menschen selbst verursacht. Hitze- und Kälteperioden, Überschwemmungen, Dürren, der brennende Regenwald, der Anstieg des Meeresspiegels – die Häufigkeit und Intensität dieser Phänomene nehmen aufgrund des Klimawandels rasant zu.

Dies findet nicht „irgendwo" statt, sondern ist längst in Europa und Österreich angekommen: der Rückgang der Gletscher, Tornados in Europa, furchtbare Überschwemmungen, Waldbrände und damit einhergehende Zerstörungen. Diese Extremereignisse führen in der Folge zu neuen Problemen wie Migration aber auch zu massiven wirtschaftlichen Schäden.

Das Pariser Klimaabkommen 2015

Die globalen Auswirkungen des Klimawandels und die Notwendigkeit für Gegenmaßnahmen wurden bereits vor Jahrzehnten erkannt. Geschehen ist allerdings zu wenig.

So fand 1979 die erste Weltklimakonferenz unter dem Dach der Vereinten Nationen statt.

Weitere Weltklimakonferenzen gab es 1988 in Toronto und 1990 in Genf.

1992 folgte die UN-Klimakonvention in Rio de Janeiro. Der ausgearbeitete Maßnahmenkatalog war allerdings nicht verbindlich und wurde daher 1997 durch das verpflichtende Kyoto-Protokoll abgelöst. Das Übereinkommen galt nur für Industrieländer, wobei die USA dieses nie ratifizierte.

Da die Treibhausgase gerade in Entwicklungsländern stark zunehmen, wurde das Kyoto-Protokoll nach langen Verhandlungen 2015 durch das Übereinkommen von Paris ersetzt.

Ziele des Pariser Klimaabkommens:

- Begrenzung der globalen Erderwärmung auf maximal 2° Celsius gegenüber vorindustriellen Werten.
- Dennoch Anstrengungen zu unternehmen, den Anstieg auf 1,5° Celsius zu begrenzen.
- Senkung der globalen Treibhausgasemissionen bis Mitte des 21. Jahrhunderts auf null.
- Unterstützung von Maßnahmen der Entwicklungsländer (z.B. durch Technologietransfer und Finanzierung).

Emission Gap Report: Derzeitiger Pfad

Laut dem Emission Gap Report 2023 steuert die Welt noch in diesem Jahrhundert einer Temperaturzunahme von 2,5 ° bis 2,9 ° Celsius entgegen, sofern nur die bestehenden Zusagen des Pariser Klimaabkommens aus 2015 eingehalten werden. [8]

> **Es braucht daher weltweit deutlich ambitioniertere Anstrengungen, um die angestrebten Ziele zu erreichen.**

Rolle der Kreislaufwirtschaft

Laut dem Circularity Gap Report 2023 ist die weltweite Wirtschaft derzeit nur zu 7,2 % zirkulär. Dies bedeutet, dass Rohstoffe nur zu einem sehr geringen Anteil im Kreislauf geführt werden. Der entsprechende Report aus 2022 wies eine Zirkularitätsrate von 8,6 % aus.

Der verbauten Umwelt und der Landwirtschaft kommt hier eine besondere Bedeutung zu, werden doch hier die meisten Ressourcen verbraucht bzw. entstehen dort die meisten klimarelevanten Emissionen.

Die verbaute Umwelt sorgt beispielsweise für knapp 40 % der weltweiten Treibhausgase.

Die Hälfte der bewohnbaren Erdoberfläche wird von der Landwirtschaft in Anspruch genommen. Auch 70 % der weltweiten Wasserentnahmen sowie ein Drittel der Treibhausgasemissionen sind Folgen der Landwirtschaft. [9]

Welterschöpfungstag

Der Raubbau an der Natur und deren Auswirkungen auf das Klima sind eng mit dem Ressourcenverbrauch verbunden. So wird das fragile Amazonasgebiet durch die Abholzung des Regenwalds für hochpreisige Holzarten, wie Teak-Holz, oder den Abbau von Bauxit zur Gewinnung von Aluminium massiv gestört. Die Brandrodung erfolgt auch zur Produktion von Lebensmitteln, wie Fleisch oder Soja. Bei der Produktion werden Unmengen an Energie benötigt und es wird CO_2 freigesetzt. Viele dieser weltweit ressourcenintensiv hergestellten Lebensmittel landen dann in Europa im Müll.

2022 konsumierte die Weltbevölkerung die jährlich zur Verfügung stehenden Ressourcen von 1,75 Erden. Das bedeutet, dass die Menschheit um diesen Faktor mehr verbraucht hat, als sich die Erde im ganzen Jahr erneuern kann. 2023 wurde der Welterschöpfungstag [10] („Earth Overshoot Day") am 02.08. erreicht. Er markiert den Zeitpunkt des Verbrauchs des ganzjährig zur Verfügung stehende Ressourcenbudgets (die Fähigkeit der Natur, Rohstoffe jeder Art zu produzieren) für das Jahr 2023. 1970 befanden sich der Abbau und die Regeneration unserer Ressourcen noch im Gleichgewicht.

Der Ressourcenverbrauch geht mit dem Wirtschaftswachstum einher, wie auch die Corona-Pandemie gezeigt hat: 2020 war das Ressourcen-Budget mit dem 22.08.2020 pandemiebedingt etwas später als in den Jahren davor aufgebraucht.

> **50 % der weltweiten Klimaemissionen sind auf Ressourcenabbau zurückzuführen.**

Der Abbau und die Verarbeitung der mineralischen Ressourcen – etwa durch den Gebäudesektor oder die Infrastruktur, wie Straßen – machen den Hauptteil der Klimaemissionen aus. Dies zeigt der Bericht „Global Resources Outlook 2019" [11] auf.

Weltweiter Indikator für den Ressourcenverbrauch

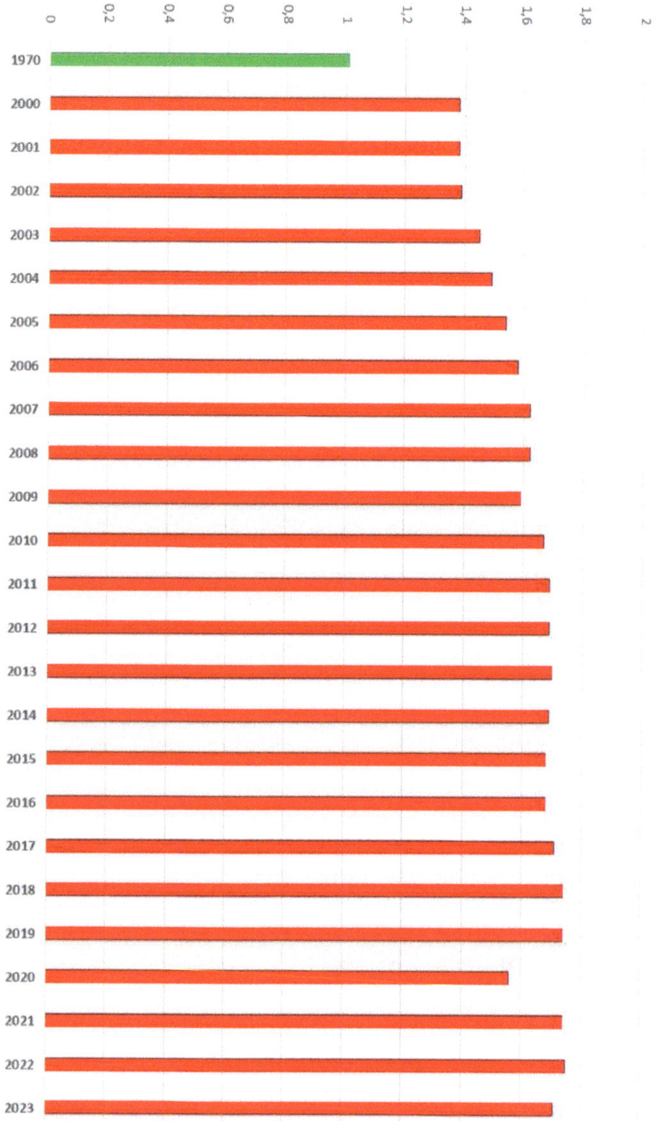

Seit 1970 verbrauchen wir weltweit mehr Ressourcen, als jährlich nachwach-
sen können. (© MA 48)

In **Österreich** ist dieser Faktor noch um einiges dramatischer: Würde die gesamte Weltbevölkerung den gleichen Fußabdruck hinterlassen wie wir, dann bräuchte Österreich jährlich erneuerbare Ressourcen von beinahe 4 Erden, da der Welterschöpfungstag hierzulande **2023** bereits am **06.04.** erreicht wurde. Dies bedeutet: Bei einem Vergleich mit einem zu Beginn des Monats gut gefüllten Kühlschrank, dann hätte die österreichische Bevölkerung bereits ab dem 8. Tag jedes Monats nichts mehr zu essen. Wir müssten auf unsere gelagerten Konserven zurückgreifen – aber wie lange würde dies gut gehen, wenn auch diese Reserven aufgebraucht wären? Eine Alternative wäre, sich die Ressource „Geld" über den Monat hinweg besser einzuteilen und generell sorgsamer mit Lebensmitteln umzugehen – weniger wegzuwerfen.

Das ist Kreislaufwirtschaft: Indem wir sorgsam mit unseren Ressourcen umgehen, werden wir weiterhin mit Materialien – in Form von Sekundärrohstoffen – versorgt. Dies ist eine der Grundlagen für nachhaltige Wirtschaft und Wohlstand.

Ohne rasches Handeln werden wir – so befürchten Forscher*innen – einer düsteren Zukunft entgegenblicken: weltweite Zerstörung der Natur, Wasserknappheit, Überschwemmungen, Unbewohnbarkeit vieler Teile der Erde, drastische Abnahme der Bevölkerung aufgrund des Mangels an medizinischer Versorgung (Rohstoffmangel), Hungersnöte aufgrund von Ernteausfällen, massive Flüchtlingsbewegungen oder Kriege.

Ressourcenverbrauch in Österreich:

2017 wurden durch den österreichischen Konsum pro Kopf rund 33 Tonnen an natürlichen Ressourcen (Material-Fußabdruck) im In- und Ausland verbraucht, der EU-Schnitt liegt bei 23 Tonnen. Der Material-Fußabdruck bezeichnet den gesamten Materialverbrauch entlang der Produktion. Beispielsweise ist hier auch der Abbau von fossilen Energieträgern, wie Kohle oder Erze, für die Produktion von Metallen bzw. Kalkstein zur Zementherstellung enthalten. Gemäß der österreichischen Kreislaufwirtschaftsstrategie soll der Material-Fußabdruck bis 2050 von 33 Tonnen auf 7 Tonnen pro Kopf sinken!

Im Jahr 2020 wurden in Österreich lediglich 12 % der in der Wirtschaft eingesetzten Materialien aus recycelten Materialien gewonnen. Bis 2030 soll diese Zirkularitätsrate auf 18 % gesteigert werden. [4]

Abhängigkeit von Rohstoffen

Zur Deckung des Bedarfs an Rohstoffen ist die Europäische Union massiv vom Ausland anhängig. Ein Großteil der Rohstoffimporte stammt aus China, Zentralafrika, Südamerika und den Ländern des Indo-Pazifiks, aber auch aus Russland. Gerade während der Pandemie oder des Kriegs zwischen der Ukraine und Russland, aber auch der Sperre des Suez-Kanals infolge eines auf Grund gelaufenen Schiffes, hat sich gezeigt, in welchem Ausmaß die europäische Wirtschaft Lieferengpässen ausgeliefert ist.

2020 veröffentlichte die Europäische Kommission eine Liste jener Materialien, welche mit hoher Versorgungsunsicherheit behaftet sind. Diese beinhaltete zu diesem Zeitpunkt 30 kritische Rohstoffe gegenüber 14 im Jahr 2011. Dazu gehören Seltene Erden, Phosphor, Lithium, Wolfram u.v.m. Auch Bauxit – das Ausgangsmaterial für Aluminium – ist angeführt. [12]

Zur Steigerung der Effizienz des Rohstoffeinsatzes, der Umweltschonung und zur Verringerung der Abhängigkeit aus dem Ausland kommt der Kreislaufwirtschaft daher eine bedeutende Rolle zu. Abfälle bestehen aus wertvollen Ressourcen. Recycelte Materialien bzw. Sekundärrohstoffe sollten daher die Nutzung von Primärrohstoffen und kritischen Rohstoffen verringern. Hersteller*innen, Verwerter*innen und Konsument*innen tragen hier eine große Verantwortung.

Appelle für Ressourcenschutz

Bereits in den 1970er-Jahren zeigte der Club of Rome mit dem Buch *„Die Grenzen des Wachstums"* auf, mit welchen Herausforderungen künftige Generationen zu kämpfen haben werden. Die Verschwendung von Ressourcen und das Bevölkerungswachstum haben demnach massive Auswirkungen auf Mensch und Umwelt.

Auch Papst Franziskus setzt mit der Veröffentlichung der Enzyklika Laudato si' [13] ein starkes Zeichen für den Umweltschutz.

In den letzten Jahren stachen medial besonders zwei Personen, welche sich für den weltweiten Klimaschutz einsetzen, heraus: der ehemalige Schauspieler und Gouverneur von Kalifornien Arnold Schwarzenegger und die Schülerin Greta Thunberg. Die junge Schwedin machte sich bereits im Alter von 15 Jahren einen Namen als Klimaaktivistin.

Arnold Schwarzenegger motiviert seine Befürworter*innen durch positive Bilder und das Aufzeigen des bereits Erreichten – ohne Verzicht. Dies soll Hoffnung und Motivation zur Erreichung einer umweltfreundlichen Lebensweise bringen. Greta Thunberg hingegen erreicht Millionen Jugendliche durch verstörende Bilder der Folgen des Klimawandels, Vorwürfe an die Politik, nichts zu tun und einer vorbildlichen Lebensweise.

Das gemeinsame Ziel ist der Klimaschutz. Die unterschiedlichen Zugänge der Klimaaktivist*innen bedienen und motivieren jeweils andere Zielgruppen. Beide bewegen Menschenmassen und setzen Entscheidungsträger*innen unter Druck.

Noch drastischer macht die Umweltschutzbewegung „Letzte Generation" auf sich aufmerksam: durch Straßenblockaden oder das Beschütten von Kunstwerken mit Farbe oder dergleichen.

Papst Franziskus: Enzyklika „Laudato si'"

Papst Franziskus setzte 2015 mit der Veröffentlichung der Enzyklika „Laudato si' - über die Sorge für das gemeinsame Haus" ein starkes Zeichen für Nachhaltigkeit. Dabei handelt es sich um eine Handlungsanleitung für alle Menschen. Zum ersten Mal stellt ein Papst damit Umwelt- und Klimaschutz in den Mittelpunkt. Umweltschutz, Menschenwürde und Armutsbekämpfung gehören, so der Heilige Vater, untrennbar zusammen. Er widmet sich im Schriftstück ausführlich den Themen Verschmutzung, Abfall, Wegwerfkultur

Papst Franziskus erhielt die 48er-Mistglocke - die höchste Auszeichnung der MA 48. (© MA 48, bearbeitet Christian Houdek)

und deren Folgewirkungen. Er ruft zu Anstrengungen jedes einzelnen Menschen auf.

„Die Erziehung zur Umweltverantwortung kann verschiedene Verhaltensweisen fördern, die einen unmittelbaren und bedeutenden Einfluss auf den Umweltschutz haben, wie die Vermeidung des Gebrauchs von Plastik und Papier, die Einschränkung des Wasserverbrauchs, die Trennung der Abfälle, nur so viel zu kochen, wie man vernünftigerweise essen kann, die anderen Lebewesen sorgsam zu behandeln, öffentliche Verkehrsmittel zu benutzen oder ein Fahrzeug mit mehreren Personen zu teilen, Bäume zu pflanzen, unnötige Lampen auszuschalten." [13]

Club of Rome – Die Grenzen des Wachstums

Eine weitere Zunahme der Umweltverschmutzung, des Ressourcenabbaus und der Bevölkerung haben laut dem Buch „*Die Grenzen des Wachstums*" aus dem Jahr 1972 direkte Auswirkungen auf die Lebensqualität, den Wohlstand und die Gesundheit künftiger Generationen. Das grenzenlose Wachstum der Wirtschaftsleistung wäre unmöglich und demnach spätestens im Laufe des 21. Jahrhunderts beendet. Um dem gegenzusteuern – und damit den Lebensstandard zu erhalten – wurden folgende Lösungsansätze aufgezeigt: **Weniger Kinder und weniger Konsum.**

Ökonom Dennis Meadows im Gespräch mit Josef Thon, Leiter der MA 48. (© MA 48)

Der Club of Rome besteht aus Expert*innen unterschiedlichster Fachgebiete aus 30 Ländern, wurde 1968 gegründet und setzt sich für eine nachhaltige Zukunft bzw. den Schutz von Ökosystemen ein. Im Buch, „*Die Grenzen des Wachstums*", wurden die Ergebnisse einer Studie eines interdisziplinären Forscher*innenteams unter der Leitung des Ökonomen Dennis Meadows veröffentlicht. Die Forschungsarbeit beruhte auf einer Computersimulation. Seit 1972 wurde das Buch laufend aktualisiert.

Heute erfordert es mehr denn je eine drastische Trendwende in der internationalen Wirtschafts- und Klimapolitik, um der Menschheit angesichts des Klimawandels und globaler Ungleichheit eine nachhaltige Zukunft zu sichern. Leider zeichnet es sich ab, dass die Zukunftsszenarien schneller als gedacht eintreffen.

Arnold Schwarzenegger: „Terminate Pollution"

2021 übergab Arnold Schwarzenegger die Auszeichnung „Climate Action Hero" an Josef Thon für die Klimaschutz-Aktivitäten der MA 48. (© The Schwarzenegger Climate Initiative)

Arnold Schwarzenegger hat aufgrund seines ungewöhnlichen Werdegangs als ehemaliger Bodybuilder, Schauspieler und Gouverneur von Kalifornien ausgezeichnete Kontakte zu Politik, Wirtschaft und den Medien, die er für den Klimaschutz nutzt. Bereits 2005 legte er in Kalifornien verbindliche Ziele zur Reduktion von Treibhausgas-Emissionen fest. Auf seine Initiative hin findet in Wien jährlich die Klimakonferenz „Austrian World Summit" statt, wo sich Politik, Wirtschaft und Wissenschaft vernetzen. 2021 ließ er

mit seinem Sager „Terminate Pollution" aufhorchen. In diesem Sinne gilt die Umweltverschmutzung als „Feind", der besiegt werden muss. Botschaften der Hoffnung statt Bilder der Zerstörung sollen kommuniziert werden. „Die heutigen Umweltprobleme wurden von Menschen gemacht, daher können wir diese auch lösen." Jede*r Einzelne kann aufgrund seines*ihres Verhaltens Einfluss ausüben.

Greta Thunberg

Der Beginn ihrer Karriere als Klimaaktivistin startete 2018 vor dem schwedischen Reichstag, wo sie anlässlich einer Wahl für das Klima streikte. Als Schulstreik wurde diese Initiative jeden Freitag fortgeführt und viele Schüler*innen folgten ihrem Vorbild. Daraus entwickelte sich die weltweite Bewegung „Fridays for Future".

Greta Thunberg beim Austrian World Summit, 2019. (© Schwarzenegger Climate Initiative)

Greta Thunberg kritisiert die Politik dafür, seit Jahren untätig zu sein und nur leere Versprechen abzugeben. Das Schlamassel müssen dann ihre und nachfolgende Generationen ausbaden. Es sind berechtigte Sorgen und Wutreden einer Jugendlichen. Sie verleiht ihrer Generation eine starke Stimme und bewegt Massen. Durch den „Greta"-Effekt werden viele junge Menschen sensibilisiert und zu einem ökologischeren Handeln motiviert. Thunberg ist mittlerweile zu einem Idol der Klimaschutzbewegung geworden. Sie spricht auf UN-Konferenzen, am Weltwirtschaftsgipfel in Davos, vor Gremien der Europäischen Union, vor tausenden Jugendlichen oder trifft Persönlichkeiten, wie den Papst. Sie lebt den Klimaschutz, indem sie auf Fleisch und tierische Produkte verzichtet, keine Flugzeuge benützt und nur das Nötigste zum Leben einkauft (Stichwort Abfallvermeidung).

Letzte Generation

Seit 2021 gibt es mit der „Letzten Generation" in Österreich und Deutschland eine weitere Gruppierung in Sachen Klimaschutz.

Die Akteur*innen dieser Umweltschutzbewegung setzen drastische Mittel für den Klimaschutz ein. Nicht nur Worte, sondern auch Taten sollen die Entscheidungsträger*innen zum Handeln bewegen.

In Österreich setzt sich die Bewegung v.a. für Maßnahmen gegen die Bodenversiegelung und Dekarbonisierung ein. Durch ihre Aktionen erregen sie immer wieder die Aufmerksamkeit der Medien, aber wecken auch Unmut: So werden etwa Straßen blockiert oder Kunstwerke mit Flüssigkeiten übergossen.

In Österreich wurde beispielsweise im Leopoldmuseum ein Gemälde des Malers Gustav Klimt mit Öl beschüttet, da das Museum von einem Ölkonzern gesponsert wird.

Da die Aktivist*innen ihre Hände bei Straßenblockaden festkleben, werden diese auch als „Klimakleber" bezeichnet.

Kritiker*innen befürchten, dass diese Art des Protestes bzw. der Aufstand dieser „Letzten Generation" für den Klimaschutz eher kontraproduktiv ist, da er mehr Unmut auslöst, als er positives Echo in der Bevölkerung erfährt.

Wir „48er" setzen daher auf sachliche Diskussionen und demokratischen Diskurs – wie dies im Rahmen des interdisziplinären Prozesses der Strategischen Umweltprüfung für die Weiterentwicklung der Wiener Abfallwirtschaft seit 1999 durchgeführt wird (siehe Seite 136).

Was haben wir bereits erreicht?

Prioritätensetzung in der Abfallwirtschaft

Abfallvermeidung ist bereits seit den 1980er-Jahren fixer Bestandteil der Ausrichtung der Wiener Abfallwirtschaft. Allerdings hat sich die Bedeutung des Begriffs „Abfallvermeidung" in den letzten Jahrzehnten stark verändert. In den Anfängen galt auch die Einführung der getrennten Sammlung von Problemstoffen als Abfallvermeidung, da der Restmüll durch diese Maßnahme weniger Schadstoffe enthielt, wodurch auch weniger dieser gefährlichen Abfälle aus Haushalten auf der Deponie landeten.

Auch die Abfallhierarchie wurde an neue Entwicklungen und Schwerpunkte angepasst. Von einer ursprünglich dreistufigen zu einer seit 2011 gültigen fünfstufigen Prioritätenreihung. Nun gibt es gemäß dem österreichischen Abfallwirtschaftsgesetz eine klare Trennung zwischen Abfallvermeidung und der Vorbereitung zur Wiederverwendung (Re-Use) bzw. zwischen stofflicher Verwertung (Recycling) und energetischer Verwertung. Die Beseitigung, d.h. die ordnungsgemäße Deponierung ist bei beiden Darstellungen immer das letzte Mittel, um Abfälle zu bewirtschaften. Außer bei der ersten Hierarchiestufe, der Vermeidung, folgt diese Hierarchie „end of pipe"-Lösungen, also verfolgt einen möglichst schonenden Umgang mit bereits entstanden Abfällen.

Die Kreislaufwirtschaft geht da einen wesentlichen Schritt weiter, weil sie bereits beim Produktdesign bzw. bei der Herstellung ansetzt.

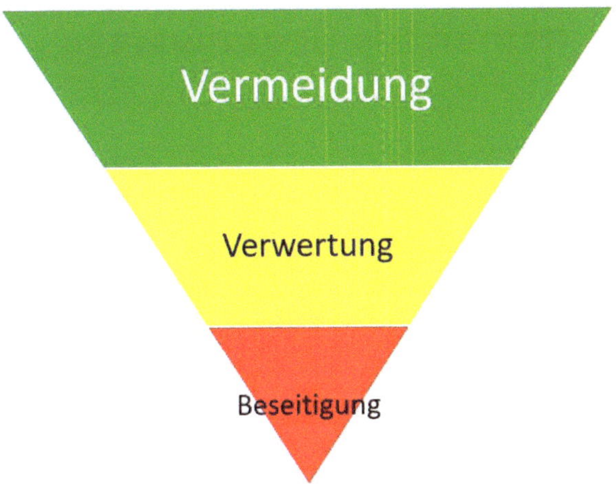

Die dreistufige Abfallhierarchie war gemäß dem österreichischen Abfallwirt-schaftsgesetz bis 2011 gültig. (© MA 48)

Die dreistufige Abfallhierarchie wurde 2011 von der fünfstufigen Abfall-hierarchie abgelöst. (© MA 48)

Vergangenheit bis Gegenwart

Mit den Jahrhunderten änderte sich dies allerdings massiv. Bereits in der Kupferzeit (um 5.000 v. Chr.) wurde für die Gewinnung von Gold quecksilberhältiger Zinnober oder, wie heute, reines Quecksilber verwendet und damit die Umwelt geschädigt.

Im Mittelalter war es üblich, Abfälle auf die Straße zu werfen und die Eimer für die Notdurft einfach in den Gassen zu entleeren. Die Leute wateten im Müll bzw. in den Abwässern. Gestank und der Ausbruch von Seuchen waren die logischen Konsequenzen.

Erst durch eine Verordnung aus dem 16. Jahrhundert war die Bevölkerung Wiens verpflichtet, ihre Abfälle zu gekennzeichneten Stellen außerhalb der Stadt zu bringen. Dies war ein Quantensprung zur Seuchenprävention.

Die Abfallwirtschaft, soll heißen die „geordnete Bewirtschaftung von Abfällen", ist noch recht jung, wie ein Beitrag der Stadt Wien über die Wiener Müllabfuhr belegt [14]:

„Die ersten Hinweise auf eine planmäßig betriebene Abfallentsorgung stammen aus dem 17. Jahrhundert. Durch die Infektionsordnung vom 20. Oktober 1656 wurden Fuhrleute (Fliegenschützen) damit betraut, von den Bewohnern den Hauskehricht einzusammeln und diesen abzuführen, womit erstmals von einer geregelten Kehrichtabfuhr gesprochen werden kann."

Der Müll wurde demnach zunächst von Fuhrwerkern abgeholt, später von Bauern außerhalb Wiens, die sich damit ein kleines Zubrot verdienten. Von 1839 bis 1927 wurden Privatunternehmer, die sogenannten „Mistbauern", engagiert, den Müll von den Häusern und ins Umland von Wien zu transportieren.

Im 19. Jahrhundert sorgte das „magistratische Departement für Straßenangelegenheiten" durch Beauftragung Dritter für den Abtransport des Abfalls, 1902 übernahm die damalige MA 6 diese Aufgabe, 1917 eine Bauamtsabteilung und 1920 eine eigene Magistratsabteilung für Straßenpflege (Vorläufer der heutigen MA 48).

Das Verfüllen von Schottergruben war noch im letzten Jahrhundert Usus für die Entsorgung von Abfällen. Es war keine Rede von einer getrennten Sammlung von Wert- bzw. Problemstoffen oder einer wie auch immer gearteten Abfallbehandlung.

Erst ab Einführung der Deponieverordnung 1996 gab es einheitliche Vorgaben hinsichtlich Standortkriterien und technischer Ausführung von Deponien. (Deponie Bruckhaufen, 1950er-Jahre. (© media wien)

Einhergehend mit dem Wirtschaftsaufschwung nach dem 2. Weltkrieg stieg das Müllvolumen zwischen 1950 und 1960 um nahezu 60 Prozent. Daher wurde Deponievolumen immer knapper und erste Überlegungen starteten, um hierbei Abhilfe zu schaffen: 1956 ging die „Biomull"-Kompostierungsanlage mit einer jährlichen Kapazität von 15.000 Tonnen in Betrieb. Hier wurde aus Restmüll Kompost produziert. Da die Qualität des erzeugten organischen Düngers aufgrund der stetigen Veränderung der Müllzusammensetzung und der Zunahme des Schadstoffeintrags immer schlechter wurde, musste das Werk aus Ermangelung an Abnehmer*innen 1981 wieder geschlossen werden.

Im Biomull-Kompostwerk wurde bis 1981 nach einer händischen Sortierung des Restmülls Kompost produziert. (Fotoarchiv MA 48.)

Die Weiterentwicklung der Wiener Abfallwirtschaft schritt mit einem immer rasanteren Tempo voran: Bereits in den 1960er-Jahren wurde die erste Müllverbrennungsanlage (kurz MVA) am Flötzersteig gebaut (Inbetriebnahme 1963). Es folgten die Müllverbrennungsanlagen in der Spittelau (Alsergrund) 1971 und Pfaffenau 2008 (Simmering). Alle Anlagen dienten von Beginn an der Energieproduktion: Die Anlage Flötzersteig versorgte beispielsweise das Wilhelminenspital (heutige Bezeichnung: Klinik Ottakring), das Pulmologische Zentrum Baumgartner Höhe, die Zentralwäscherei, das Ottakringer Bad sowie städtische Wohnhausanlagen mit Wärme. Ein ähnliches Bild zeigt die MVA Spittelau: Hier waren die ersten Abnehmer für die Fernwärme das Allgemeine Krankenhaus, das Diana- und Jörgerbad, das Internationale Studentenheim Döbling und Wohnhäuser.

Ende der 1970er-Jahre gewann Umwelt- und Ressourcenschutz immer mehr an Akzeptanz. Das war der Start der Abfallvermeidung und der getrennten Abfallsammlung. Damals stand die qualitative Abfallvermeidung, d.h. die Schadstoffentfrachtung des Restmülls, im Vordergrund – der Beginn der Problemstoffsammlung.

Heute hat sich die Abfallwirtschaft zu einem hochkomplexen, technologisch entwickelten, digitalisierten und innovativen Wirtschaftszweig entwickelt.

Im Mittelpunkt stehen neben der Schonung von natürlichen Ressourcen und Energie die regionale Wertschöpfung, die Schaffung von lokalen Arbeitsplätzen und die Generierung eines maximalen Nutzens für die Wiener Bevölkerung und die Umwelt. Dies führt zu einer Weiternutzung von gut erhaltenen Altwaren, Recycling von Altstoffen, der Herstellung von qualitativ hochwertigem Kompost und der Energiegewinnung, um nur einige Beispiele zu erwähnen: Wir machen schon heute – nach den derzeitigen Standards – das Beste aus den Abfällen, welche gar nicht entstehen sollten.

Wir setzen uns gemeinsam mit anderen Dienststellen der Stadt Wien für eine Gesamtstrategie ein, die sowohl die Abfallvermeidung umfasst als auch den bestmöglichen Umgang mit entstandenen Abfällen. Die Ressourcenschonung und Minimierung von Umweltbelastungen stehen dabei im Vordergrund.

Dabei spielen Daseinsvorsorge und Entsorgungsautarkie eine zentrale Rolle, um diese Aufgaben zu erfüllen.

Wien kümmert sich selbst um den Wiener Mist!

- Wir haben wesentliche Instrumente in der Hand.
- Die Müllgebühr ist kostendeckend und nicht gewinnorientiert.
- Über unterschiedlichste Kanäle, wie der Abfallberatung, dem Misttelefon oder unseren Mitarbeiter*innen sind wir direkt mit den Bürger*innen in Kontakt. Daher können wir rasch auf Wünsche oder Beschwerden reagieren, die Bevölkerung einbinden, gelten als lässiges Unternehmen und verfügen über eine hohe Akzeptanz.
- Unsere Anlagen entsprechen höchsten Umweltstandards – oft über die gesetzlichen Vorgaben hinaus.
- Transporte werden reduziert, da sich Behandlungsanlagen im Wiener Stadtgebiet befinden.
- Energie und das Produkt Kompost kommen den Wiener*innen zugute.
- Wir verfügen über das notwendige Know-how, um rasch auf gesetzliche oder technologische Veränderungen reagieren zu können.
- Wir sind vernetzt mit anderen Fachabteilungen der Stadt Wien, mit der Wissenschaft, anderen Expert*innen und Kommunen im In- und Ausland.

Lediglich Altstoffe werden außerhalb Wiens sortiert und recycelt. Dabei handelt es sich zum Großteil um Verpackungen, Elektroaltgeräte oder Batterien, für welche nicht die Stadt Wien, sondern die Hersteller*innen bzw. Produzent*innen verantwortlich sind.

Rund ein Drittel der Abfälle (350.000 Tonnen pro Jahr) aus den Wiener Haushalten wird mittlerweile getrennt gesammelt und kann dem Recycling bzw. der Kompostierung zugeführt werden.

Innerhalb der EU-Hauptstädte nimmt Wien damit nach Luxemburg und Tallinn den hervorragenden dritten Platz bei der pro Kopf Sammelmenge von Altstoffen ein [15].

Hinzu kommen noch rund 25.000 Tonnen an Eisen- und Buntmetallen, wie Aluminium oder Kupfer, welche wir aus den Verbrennungsrückständen zurückgewinnen.

Altstoffe werden direkt an Recyclingbetriebe außerhalb Wiens zur stofflichen Verwertung übergeben.

Privaten Liegenschaften mit Gärten steht eine eigene kostenlose Biotonne zur Verfügung (insbesondere am Stadtrand). Biogene Abfälle aus diesen Gebieten oder anderer Quellen wie den Wiener Parks werden im Kompostwerk Lobau zu hochwertigem Kompost verarbeitet. Aus den Küchenabfällen der innerstädtischen Biotonnen und von Großküchen wird in unserer Biogasanlage Biomethan erzeugt, welches in das Wiener Erdgasnetz eingespeist oder zur Produktion von Fernwärme für das Wiener Fernwärmenetz genutzt wird.

In Wien gibt es eine Reihe von Abfallbehandlungsanlagen, die uns unabhängig von Dritten machen:

- Kompostwerk Lobau (Betreiberin: MA 48)
- Biogas Wien (Betreiberin: MA 48)
- Müllverbrennungsanlagen für brennbare Mischabfälle und gefährliche Abfälle (Betreiberin: Wien Energie)
- Aufbereitungsanlage für Verbrennungsrückstände (Betreiberin: MA 48)
- Deponie Rautenweg (Betreiberin: MA 48)
- Kläranlage mit Faultürmen (Betreiberin: ebswien)
- Behandlungsanlagen für die Verbrennung von Klärschlamm (Betreiberin: Wien Energie)
- Wald-Biomassekraftwerk Simmering (Betreiberin: Wien Energie und österr. Bundesforste)

Das Kompostwerk Lobau, eines der Wiener Behandlungsanlagen. (© Christian Fürthner)

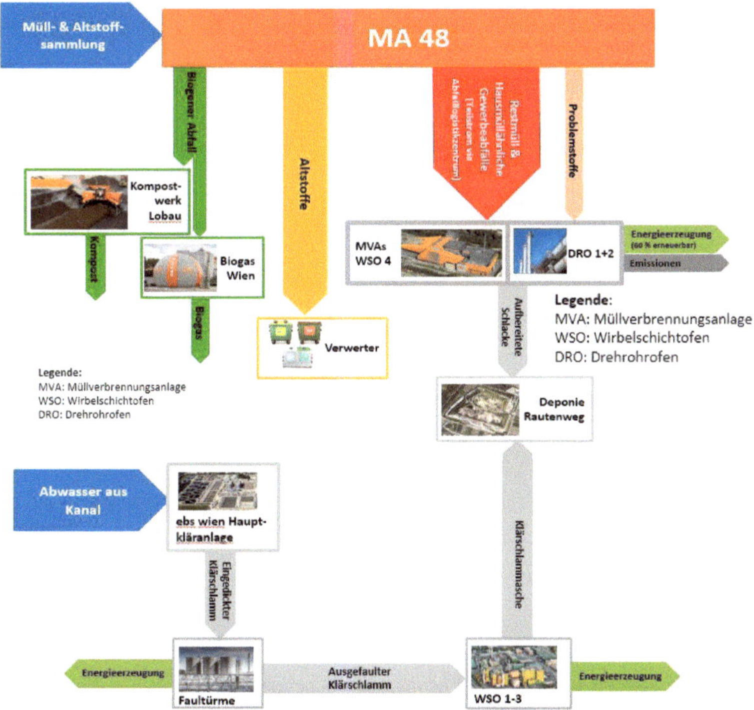

Das Schema aus 2023 zeigt, was mit den festen Abfällen aus Wiener Haushalten bzw. kleinen Betrieben und Abwässern passiert. (© MA 48)

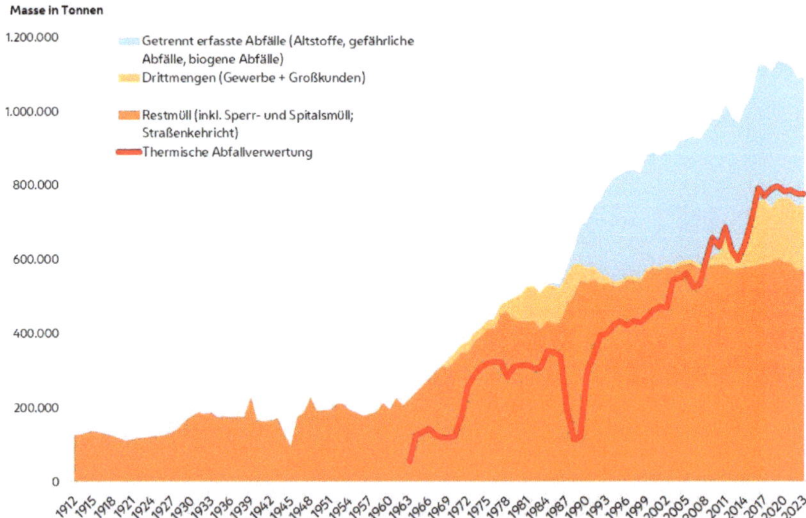

Entwicklung der Müllmengen und deren Behandlungswege. Heute werden 100 % des Restmülls energetisch verwertet und rund ein Drittel der Wiener Abfälle recycelt. (© MA 48)

Abfallvermeidung

Allgemeines

Die Entsorgungswirtschaft an sich sollte genau genommen im Bereich der Abfallvermeidung keine Rolle spielen, denn diese kommt erst ins Spiel, wenn Produkte bereits zu Abfall geworden sind. Dann ist es bereits zu spät, um auf Abfallvermeidung zu setzen.

Um die Abfallmengen nachhaltig zu reduzieren, muss daher viel früher angesetzt werden. Es startet beim Abbau von Rohstoffen, dem Produktdesign, geht über zur Produktion, dem Transport, der Art der angebotenen Dienstleistungen, dem Kauf und dem Nutzungsverhalten. Die gesamte Wertschöpfungskette ist erfasst und berücksichtigt. Dementsprechend müssen alle verantwortlichen Player Maßnahmen in ihrem jeweiligen Bereich setzen. Dazu gehören neben den Produzent*innen, dem Handel, sonstigen Dienstleistungsbereichen auch die Konsument*innen. Zusätzlich braucht es gesetzliche Vorgaben auf kommunaler, nationaler und europäischer Ebene bzw. weltweit.

Als Teil der Stadt Wien kommt der MA 48 als kommunaler Entsorger neben anderen Dienststellen dennoch dabei eine entscheidende Rolle zu: Mit der Müllgebühr werden auch Maßnahmen zur Abfallvermeidung mitfinanziert. Dabei geht es um bewusstseinsbildende Maßnahmen und die Durchführung von Pilotprojekten. Diese einzelnen Maßnahmen werden zumeist von der 48er oder der Stadt Wien – Umweltschutz initiiert und betreut. Die Stadt Wien – Umweltschutz vergibt zusätzlich auch entsprechende Förderungen für erfolgsversprechende Umweltprojekte.

Des Weiteren sind wir 48er für die Erstellung des Wiener Abfallvermeidungsprogramms zuständig und bringen uns auf nationaler und internationaler Ebene ein, um Abfälle zu reduzieren.

Auch im eigenen Wirkungsbereich setzen die Stadt Wien und die 48er zahlreiche Maßnahmen zur Abfallvermeidung.

Beginn der gelebten Abfallvermeidung in Wien

Wiener Abfallwirtschaftskonzepte

1986 wurde im ersten Wiener Abfallwirtschaftskonzept (heutiger Begriff: Abfallwirtschaftsplan) Abfallvermeidung erwähnt. Allerdings verstand man damals darunter die getrennte Sammlung von Alt- und Problemstoffen, d.h. die Verringerung des Aufkommens und der Schadstoffentfrachtung von Restmüll (qualitative Abfallvermeidung).

Im Rahmen der Fortschreibung des Wiener Abfallwirtschaftskonzepts 1988 wurden schon konkrete Maßnahmen seitens der Stadt Wien genannt. Abfallvermeidung war daher schon zu diesem frühen Zeitpunkt ein fixer Bestandteil.

Konkrete Maßnahmen im Wiener Abfallwirtschaftskonzept 1988

- Wiener Umweltschutzpreis für abfallarme, reparaturfreundliche, recyclingfähige oder wiederverwendbare Produkte.
- Aktive Unterstützung der Markteinführung von abfallarmen Produkten (Milchpfandflasche in Wien).
- Unterstützung der **Aus- und Weiterbildung** von:
  Lehrer*innen: Beauftragung von Universitäten für die Erstellung von Unterrichtsmaterialien.
  Betrieben: Vorträge von Beamten der heutigen Stadt Wien – Umweltschutz (ehemals MA 22) im Zuge der Ausbildung zum Abfallbeauftragten.
  Bevölkerung: Start des sogenannten „48er-Info-Referats". Dies war der Vorreiter für die Abfallberatung, der Öffentlichkeitsarbeit und dem Misttelefon.

Gleichzeitig mit Inbetriebnahme der Wiener Mistplätze im Jahr 1988 wurde dort auch die Abgabemöglichkeit von gut erhaltenen Altwaren geschaffen. 1989 war der Startschuss des 48er-Basars, dem Vorgänger unseres 48er-Tandlers, dem kommunalen Re-Use-Shop.

1. Strategische Umweltprüfung 1999/2001

Ein Quantensprung in Sachen Abfallvermeidung wurde im Zuge der „Strategischen Umweltprüfung 1999 bis 2001" (siehe Seite 136) erzielt. Diese fand zur Erstellung des „Wiener Abfallwirtschaftskonzepts 2002" statt. Gemeinsam mit Fachexpert*innen aus der Stadtverwaltung, aus Umweltorganisationen und Universitäten wurden Lösungen zur Bewältigung von abfallwirtschaftlichen Herausforderungen gesucht und gefunden: Um den stark zunehmenden Müllmengen entgegenzuwirken, mussten große Anstrengungen zur Vermeidung von Abfällen getätigt werden und zeitgleich Kapazitäten für die thermische Verwertung geschaffen werden. Mit der daran an-schließenden Gründung einer eigenen „Task Force", der Strategie-gruppe Abfallvermeidung, wurde der Abfallvermeidung schlussend-lich der Stellenwert eingeräumt, den sie verdient: Abfallvermeidung hat höchste Priorität!

Die Strategiegruppe Abfallvermeidung bestand aus Vertreter*innen der Stadt Wien – Umweltschutz, der Wiener Umweltanwaltschaft, der Magistratsdirektion – Klimaschutz, der Magistratsdirektion – Baudi-rektion sowie der MA 48. Gemeinsam entwickelten bzw. initiierten sie Projekte zur Abfallvermeidung. Die finanziellen Mittel wurden und werden dienststellenübergreifend aus dem Budget der MA 48 finan-ziert. Daraus entwickelte sich die Initiative „natürlich weniger Mist", welche nunmehr seit über zwei Jahrzehnten tätig ist.

Abfallberatung

Abfallberater*innen sind seit 1990 in Kin-dergärten, Schulen Vereinen, Gewerbebe-trieben oder bei klei-nen und großen Events, wie dem Mist-fest, im Einsatz, um über Abfallvermei-dung, die getrennte Sammlung oder die

*Abfallberater*innen in der 48er-Tandler-Lounge. (© feelimage/Felicitas Matern)*

Abfallbehandlung zu informieren und zu beraten. Je nach Alters-gruppe werden maßgeschneiderte Aktionen angeboten: vom Müll-kasperl über Schulrundfahrten, Abenteuerspielen, Workshops, Schu-lungen bis hin zur telefonischen Beratung am Misttelefon.

Seit 2019 gibt es am Gelände der Deponie Rautenweg das **House of Mist**. Vor allem Jugendliche sollen hier in acht interaktiven Räumen mit Rätseln, Aufgaben und Storys zu unterschiedlichen abfallwirtschaftlichen Themen für Umweltschutz und Abfallvermeidung begeistert werden. Mit dem Real Life Escape Game „Mistopia" wird auf spannende Art und Weise in die Postapokalypse geführt. Eine verheerende Kette von Ereignissen – Umweltkatastrophen, europaweiter Blackout, Zusammenbruch der Wirtschaft – führt zu postapokalyptischen Zuständen im Jahr 2071. Es gibt keine funktionstüchtigen Betriebe mehr und kaum noch Rohstoffe.

Plünder*innen und rivalisierende Rebell*innengruppen erschweren den ohnehin harten Kampf ums Überleben zusätzlich.

Das Real Life Escape Game „Mistopia" wurde speziell für Jugendliche konzipiert, um auf coole Art Bewusstsein für Ressourcen- und Klimaschutz zu schaffen. (© feelimage/Felicitas Matern)

In jedem der acht Rätselräume (Plastic Planet, Fashion-Zone, Black-out, ...) wartet auf die jeweiligen Teams eine herausfordernde Aufgabe, um das Überleben der Familien und Freund*innen zu sichern. In den Rätselräumen erfolgt die Wissensvermittlung auf lässige Art und Weise, im modern ausgestatteten Vortragssaal hingegen klassisch. Die Escape-Rooms werden von Schulklassen (bis zu 27 Personen), aber auch von Privatpersonen gebucht.

Mistfest

Unser jährlich stattfindendes Fest eroberte im Sturm das Herz der Wiener*innen. Was 1989 im kleinem Rahmen im Zuge einer Abschlussveranstaltung eines Schulprojekts startete hat sich zu einem richtigen 48er-Megaevent entwickelt.

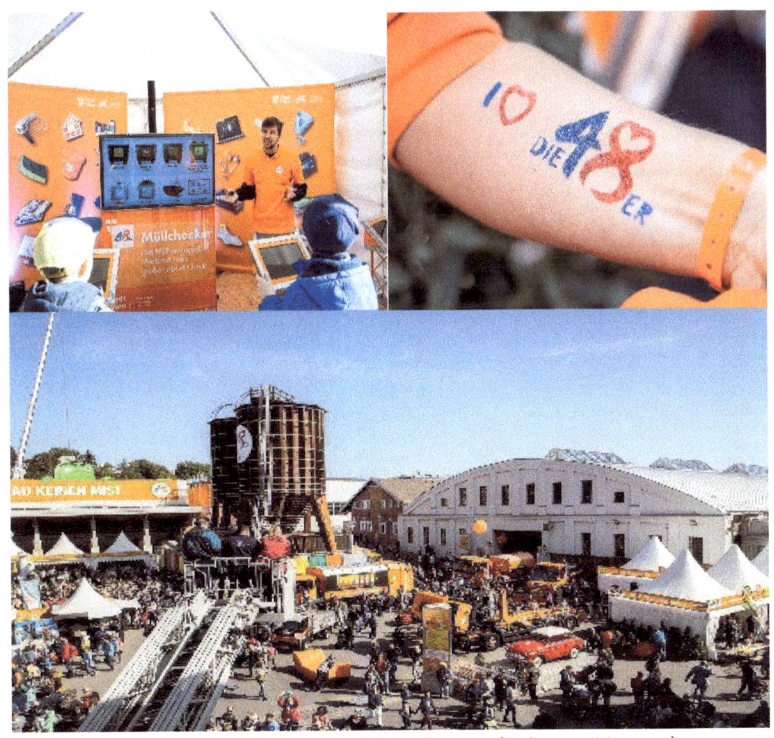

Impressionen vom Mistfest 2019. (© feelimage/Felicitas Matern)

Mittlerweile strömen bei Schönwetter Tausende Besucher*innen zu dem 2-tägigen Müll- und Umweltspektakel am Gelände des Mistplatzes Hernals und des Technik Centers. 2023 wurde mit über 51.000 Teilnehmer*innen ein neuer Rekord verzeichnet. Ein Fest rund um den Mist wurde zum kultigen Megaevent.

Die Faszination ergibt sich aus der Kombination von Entertainment und unterhaltsamer Wissensvermittlung. Jung und Alt „erleben" und „begreifen" Mist sowie andere Umweltthemen gepaart mit einem bunten Unterhaltungsprogramm (z.B. Musik, Show-Acts, Artisten, Riesenrad, Kinderschminken …) sowie diverser Gastronomiestände. Fixstarter jedes Mistfests sind der Kinderflohmarkt, viele Reparaturnetzwerkbetriebe, das 48er-Tandler-Outlet etc. Neben Abfallvermeidung kommt aber auch die getrennte Sammlung und Umweltthemen anderer Dienststellen nicht zu kurz.

2023 stand das Mistfest unter dem Motto „Zero Waste". Kreislaufwirtschaft und Klimaschutz spielten daher die Hauptrollen.

*Die 48er-Tandler-Band und weitere 48er-Mitarbeiter*innen mit vollem Einsatz beim Mistfest.(© feelimage/Felicitas Matern)*

Der wichtigste Erfolgsfaktor: unsere motivierten, lässigen, orangen Mitarbeiter*innen, quer über alle 48er-Betriebsbereiche verteilt. Diese planen nicht nur das Mistfest, sondern kümmern sich auch um den Auf- und Abbau und informieren, betreuen und unterhalten die zahlreichen Gäste.

Eine weitere große Unterstützung und Aufwertung der Veranstaltung ist die jahrelange Teilnahme der vielen anderen Umweltabteilungen der Stadt Wien – Umweltschutz, – Wiener Wasser, – Wiener Stadtgärten,– Wiener Märkte, Wien Kanal, etc. oder diverser Blaulichtorganisationen sowie Künstler*innen.

Auch viele andere Dienststellen der Stadt Wien wie die Wiener Märkte, die Wiener Stadtgärten, Wien Kanal, Wiener Wasser sind mit Mitmachstationen und Informationsständen beim 48er-Mistfest vertreten.
(© feelimage/Felicitas Matern; unten rechts: Christian Fürthner)

Ökologische Veranstaltungen

Mehrwegbecher und Mehrweggeschirr

Die Ökologisierung von Wiener Veranstaltungen ist einer der Schwerpunkte unserer Abfallvermeidungsprojekte. Wir forcieren daher bereits seit Jahren die Nutzung von Mehrwegbechern und Mehrweggeschirr. Es gibt in Wien mittlerweile drei Anbieter*innen, die Mehrwegbecher vermieten. Die MA 48 beteiligt sich an den Reinigungskosten – sofern die Stadt Wien Becher verwendet werden. Das Design bzw. die aufgebrachten Slogans wie „I'll be back" tragen auf humorvolle Weise zur Bewusstseinsbildung bei.

Die Initiative für ein derartiges **Mehrwegbecherverleihsystem** ging von der Stadt Wien aus. 2005 starteten wir testweise auf der Countryinsel am Donauinselfest mit dem Einsatz von Mehrwegbechern. Damit nahm Wien eine Pionierrolle ein und wir begaben uns auf komplettes Neuland: Die Skepsis der Gastronom*innen war groß und viel Überzeugungsarbeit war nötig.

Mittlerweile ist die Verwendung von Mehrwegbechern Standard und in Abhängigkeit von der Anzahl der erwarteten Besucher*innen (ab 1.000) in Wien sogar seit 2011 gesetzlich vorgeschrieben. Der Großteil der Becher wird daher OHNE Beteiligung der Stadt Wien verwendet. Diese dienen zumeist als Werbeträger von Getränkehersteller*innen oder der Veranstaltung an sich.

Mehrwegbecher und Mehrweggeschirr der Stadt Wien.
(© die Umweltberatung)

ÖkoEvents

Unter der Dachmarke ÖkoEvent unterstützt die Stadt Wien bereits seit 2007 Veranstalterinnen und Veranstalter dabei, Events, Tagungen und Feiern umweltfreundlich durchzuführen. Das Beratungsangebot für die ökologische Ausrichtung von Veranstaltungen geht weit über den Bereich der Abfallvermeidung hinaus:

- Vermeidung von Abfällen und ein optimales Abfallmanagement.
- Verwendung von Produkten aus der Region und aus ökologischer Erzeugung.
- Bevorzugung von Produkten aus fairem Handel und tiergerechter Haltung.
- Sorgsamer Umgang mit Wasser und Energie.
- Umweltfreundliche Mobilität rund um die Veranstaltung
- Kommunikation der umweltfreundlichen Ausrichtung der Veranstaltung.

Bei Erfüllung der erforderlichen Kriterien können umweltfreundliche Veranstaltungen mit dem Prädikat ÖkoEvent ausgezeichnet und beworben werden. Besonders nachhaltige Veranstaltungen werden als ÖkoEvent PLUS umgesetzt.

Im Zuge des Programms werden auch Schulungen für Veranstalter*innen und Cateringbetriebe angeboten.

Strenge gesetzliche Vorgaben

Mit 01.01.2011 wurden verbindliche Vorgaben für Veranstaltungen im Wiener Abfallwirtschaftsgesetz (Wr. AWG) festgeschrieben. Mittlerweile wurden die Vorgaben in das Wiener Veranstaltungsgesetz integriert.

Gemäß Wiener Veranstaltungsgesetz besteht die Verpflichtung Mehrwegsysteme bei Veranstaltungen einzusetzen, bei denen Speisen oder Getränke ausgegeben werden und an denen mehr als 1.000 Personen teilnehmen können oder die auf Liegenschaften stattfinden, die im Eigentum der Stadt Wien stehen. Der Einsatz von Mehrweggeschirr bei der Ausgabe von Getränken und Speisen und Ausschank aus Mehrwegbehältern ist daher verpflichtend.

Bei Veranstaltungen, an denen mehr als 2.000 Besucher*innen teilnehmen können, benötigen Veranstalter*innen gemäß Wr. AWG bzw. Wiener Veranstaltungsgesetz zudem ein Abfallkonzept.

Wien nahm damit eine Vorreiterrolle ein. Bisher folgten Salzburg und Oberösterreich – in abgeschwächter Form – dem Beispiel Wiens.

Geschirrmobil

Wir vermieten bereits seit vielen Jahrzehnten **Geschirrmobile** mit Mehrweggeschirr. Das Geschirrmobil ist mit Besteck und Porzellangeschirr sowie Trinkgläsern ausgestattet.

Neben dem Abfallvermeidungsaspekt wird auch „Littering", d.h. die Verunreinigung mit Abfällen im öffentlichen Raum bzw. in der Natur, reduziert und damit Reinigungskosten verringert.

Unser Geschirrmobil bei einer Veranstaltung.
(© die Umweltberatung)

ÖkoKauf und Veranstaltungen

Im Rahmen von ÖkoKauf Wien, dem ökologischen Beschaffungsprogramm der Stadt Wien, gelten für Veranstaltungen der Stadt Wien
strenge Kriterien für die Ausrichtung von Veranstaltungen. Die Stadt
Wien hat sich damit selbst verpflichtet mit guten Beispiel voranzuge-
hen. Hierfür wurde ein Richtlinienkatalog für die Ökologisierung von
Veranstaltungen erarbeitet, der bei von der Stadt Wien organisierten
oder beauftragten Veranstaltungen die Einhaltung von ökologischen
Mindeststandards einfordert.

Reparaturdienstleistungen

Wiener Reparaturnetzwerk

Wien hat bereits vor über 20 Jahren erkannt, dass die Reparatur eine
wichtige Säule der Nachhaltigkeit und Ressourcenschonung
darstellt. Das Reparaturnetzwerk Wien (RNW) wurde im Jahr 1999
mit 23 Betrieben als absolutes Vorreiterprojekt gestartet. Das
Reparaturnetzwerk Wien versteht sich als Qualitätsverbund seriöser
Reparaturdienstleister*innen, dessen Betriebe neben
wirtschaftlichen Zielen auch das ökologische Ziel verfolgen, durch die
Verlängerung der Nutzungsdauer von Produkten zu
Ressourcenschonung und Klimaschutz beizutragen. Zum damaligen
Zeitpunkt gab es in Europa nichts Vergleichbares.

Das RNW ist als Serviceleistung für alle in Wien lebenden Personen
die Anlaufstelle, wenn es darum geht, den passenden
Reparaturbetrieb zu finden. Das Service umfasst eine Website mit
dahinterliegender Datenbank, bietet eine Suchfunktion nach
Reparaturbetrieben und Produktgruppen. Zusätzlich wird eine
Telefonhotline betrieben, an die man sich mit allen Fragen rund um
Reparaturen wenden kann.

Starken Rückenwind für das Reparaturnetzwerk und den Reparaturgedanken brachte 2020 und 2021 das Förderprogramm „**Wien repariert's – Der Wiener Reparaturbon**". So stieg die Anzahl der Netzwerksbetriebe von 77 (2019) auf über 140 (2022) – beinahe eine Verdoppelung! Derzeit umfasst das RNW fast 150 Mitgliedsbetriebe der unterschiedlichsten Reparaturbranchen. Im Schnitt der letzten 21 Jahre wurden im RNW jährlich ca. 50.000 Reparaturen durchgeführt und 600 Tonnen an Abfällen vermieden. Dabei hat sich das Netzwerk insbesondere in den letzten Jahren sehr gut entwickelt. Im Jahr 2022 wurden von den Netzwerksbetrieben rund 160.500 Reparaturen durchgeführt und dabei 1.750 Tonnen Abfall vermieden.

Wien repariert's – Der Wiener Reparaturbon

Aus ökologischer Sicht sollte der Verlängerung der Lebensdauer von Gegenständen gegenüber dem Neukauf unbedingt der Vorzug gegeben werden. Oftmals wird jedoch gar nicht erst versucht, einen Gegenstand reparieren zu lassen, da die Kosten für eine Neuanschaffung im Bereich der Reparaturkosten liegen. Genau hier setzt das Förderprogramm „Wien repariert's – Der Wiener Reparaturbon" an. Durch die Förderung der Reparaturkosten mit 50 % und maximal 100 Euro der Rechnungssumme, wird die Reparatur bei teilnehmenden Betrieben des Reparaturnetzwerks Wien günstiger – und damit attraktiver. In drei Aktionszeiträumen zwischen September 2020 und Dezember 2021 konnte der Wiener Reparaturbon unkompliziert heruntergeladen und bei den teilnehmenden Betrieben ohne Einschränkung auf eine Produktgruppe eingelöst werden. Seit Ende Oktober 2023 wird das Förderprogramm der Stadt Wien – Umweltschutz fortgesetzt. Bis Ende 2027 stehen insgesamt 1,2 Millionen Euro für den Wiener Reparaturbon zur Verfügung.

Der entsprechende Förderbetrag wird gleich beim Bezahlen der Reparatur im Betrieb von der Rechnung abgezogen. Mühsame Förderansuchen entfallen damit.

Stadtrat Czernohorszky bei der Präsentation der 2. Förderperiode des Wiener Reparaturbons 2023 in einem teilnehmenden Betrieb. (© Gökmen)

2022 wurde vom Bund mit EU-Mitteln der „Reparaturbonus" eingeführt. Im Unterschied zum Wiener Modell ist dieser allerdings auf Reparaturen von Elektrogeräten beschränkt. Des Weiteren können sich alle Reparaturbetriebe Österreichs als teilnehmende Betriebe anmelden. Beim Wiener Reparaturbon ist die Teilnahme nur Betrieben des Reparaturnetzwerkes vorbehalten, wodurch automatisch strengere Kriterien gelten. Aufgrund der zeitgleichen bundesweiten Förderung von Reparaturen von Elektrogeräten sind diese Produkte von der aktuellen Wiener Förderung ausgenommen.

Do-it-yourself (DIY) Reparatur

Die Bedeutung von DIY-Reparatur in einer Kreislaufwirtschaft darf nicht unterschätzt werden. Internationale Studien zeigen, dass rund ein Drittel der Reparaturen im nicht-kommerziellen Bereich stattfinden (Eigenreparatur, Hilfe durch Verwandte etc.) und einen nicht unerheblichen Beitrag zur Abfallvermeidung leisten. Repair Cafés und DIY-Angebote helfen mit, die Bürger*innen zu befähigen, Wartungsarbeiten und kleine Reparaturen an Geräten selbst

71

durchzuführen. Das Reparaturnetzwerk Wien unterstützt auch in dieser Hinsicht: Auf der Website findet man vielfältige DIY-Tipps, wie die Lebensdauer von Geräten durch Wartungsarbeiten und kleine Reparaturen verlängert werden kann.

Mehrweg & Vermeidung von Verpackungen

Kaffee im Mehrwegbecher

Täglich werden in Österreich über 800.000 Coffee to go Becher ausgegeben und nach wenigen Minuten wieder entsorgt. In Wien wurde 2019 daher das von einem privaten Unternehmen initiierte Projekt „myCoffeeCup" in Zusammenarbeit mit der Stadt Wien und der Verpackungskoordinationsstelle gestartet. Im Zuge des Pilotprojekts wurde im Bereich des 1. Bezirks, gemeinsam mit den teilnehmenden Partner*innen, das Coffee to go Mehrwegsystem ausgerollt. Die Mehrwegbecher sind bis zu 500 Mal wiederverwendbar und bei zahlreichen Betrieben gegen einen Euro Pfand erhältlich. Für die Rückgabe stehen neben den Partnerfilialen auch Rückgabe-Automaten an einigen hochfrequentierten Standorten wie U-Bahn-Stationen zur Verfügung. Allein in den ersten beiden Monaten wurden 50.000 Becher ausgegeben und damit rund eine Tonne Müll vermieden und das Klima entlastet. Mittlerweile trägt sich das System selbst und konnte sogar stetig ausgebaut werden.

Mehrwegwindeln

In Wien landen jährlich 70 Millionen Stück bzw. 17.000 Tonnen Windeln im Restmüll. Dies entspricht rund 4 % des Restmülls. Pro Wickelzeitraum eines Babys fallen rund eine Tonne an Einwegwindeln an. Mehrwegwindeln sind hier eine umweltfreundliche Alternative. Mit unserem Wiener Windelgutschein bekommen frischgebackene Eltern die Erstausstattung zu einem reduzierten

Preis. Der Wiener Windelgutschein wird gegen Vorlage des Mutter-Kind-Passes gemeinsam mit der Wiener Dokumentenmappe von den Mitarbeiter*innen der Stadt Wien – Kinder- und Jugendhilfe ausgegeben und kann bei allen Partnerhändler*innen eingelöst werden.

Wiener Hochquellwasser statt Plastikflaschen

Das Wiener Trinkwasser stammt aus reinsten Quellen der nieder-österreichisch-steirischen Alpen und ist daher von ausgezeichneter Qualität – wohl einzigartig für eine Millionenstadt. Der Kauf von stillem Mineralwasser in Einweggetränkeflaschen ist daher unnötig.

Ed Sheeran (re.) mit der „Wiener Wasser ist cool"-Mehrwegflasche.
(© Wr, Sportstätten)

Nicht nur zuhause, auch unterwegs kann man leicht auf das Hochquellwasser zurückgreifen: In Wien gibt es über 1.300 Trinkwasserbrunnen, die auf den Webseiten der Stadt Wien verortet sind. Bei jedem Trinkbrunnen ist eine kostenlose Wasserentnahme möglich. Des Weiteren stellt die Stadt Wien – Wiener Wasser bei Veranstaltungen Wasser-Entnahmegestelle zur Verfügung, an denen mehre Flaschen gleichzeitig befüllt werden konnten.

Einen aktiven Beitrag zur Abfallvermeidung trägt das Projekt "Wassertrinken in Schulen" bei. Das Projekt soll Kinder und Jugendliche dazu anregen, in der Schule gesundes Leitungswasser zu trinken. Teilnehmende Schüler*innen werden seit vielen Jahren mit einer kostenlosen Mehrweg-Trinkwasserflasche ausgestattet. Beim jährlichen Wasserfest gilt das Prinzip „Bring your Bottle".

Dialogplattform Mehrweg für Take-away

2021 wurde auf Initiative der Stadt Wien – Umweltschutz die Dialogplattform Mehrweg für Take-away gegründet. Dies wurde von den zahlreichen Teilnehmer*innen (Gastronom*innen, Lieferdienste, Anbieter*innen von Mehrweggeschirr-Dienstleistungen) sehr gut angenommen. Es entstand eine bemerkenswerte Dynamik, erste Erfolge können dieser Vernetzung zugeschrieben werden: So konnte ein österreichisches Start-up in einem größeren deutschen Unternehmen aufgehen, Lieferdienste bieten nunmehr eine einfache Bestellmöglichkeit von Essen in Mehrwegbehältern über ihre Plattformen inkl. Filtermöglichkeit an. Kantinen als wichtige Stationen zur Skalierung, aber auch als bequeme Rückgabemöglichkeit, wurden ebenfalls einbezogen.

Mehrweggeschirr – Aufkleber für Take-away

Aufkleber für Gastrobetriebe, welche Mehrweggeschirr für Take-away Produkte nutzen. (© Stadt Wien)

Um die wachsenden Müllberge durch Einwegverpackungsgeschirr in der Gastronomie einzudämmen, wurden seitens der Stadt Wien – Umweltschutz Mehrweggeschirr-Aufkleber für den Eingangsbereich entwickelt. Damit können Lokale ihren Gästen signalisieren, dass sie entweder das selbst mitgebrachte Geschirr der Kund*innen akzeptieren oder über eigenes Mehrweggeschirr verfügen. Diese Initiative wurde gemeinsam mit der Wiener Wirtschaftskammer gesetzt. Die Aufkleber können kostenlos bestellt werden.

Wiener Mehrweg-Geschenksack

Bereits ab 2005 gab es einen umweltfreundlichen Weihnachtssack der MA 48, der als aktiver Beitrag zur Vermeidung von unnötigem Verpackungsmüll bei Geschenken kreiert wurde. Seit 2018 ist der Geschenksack aufgrund seines Designs für Anlässe jeder Art und damit

ganzjährig verwendbar. Er ist in den beiden Filialen des 48er-Tandlers sowie auf allen Wiener Mistplätzen erhältlich. Die Öko-Verpackung hat einen mehrfachen Nutzen: Neben der Abfallvermeidung werden die Säcke mit Unterstützung von Menschen mit Beeinträchtigungen genäht. Der Wiener Geschenksack verbindet somit perfekt Ökologisches und Soziales.

Nimm ein Sackerl für dein Packerl! Präsentation des Wiener Weihnachtssackes 2007 und 2009 (Sänger Willi Resetarits, Ex-Umweltstadträtin Ulli Sima, Kabarettist Alfred Dorfer und Ex-Fußballer Herbert Prohaska, 48er-Abteilungsleiter Josef Thon. (© oben: Strobelgasse, unten: Christian Fürthner)

Büchertausch

Unter dem Motto „Dieses Telefon kann lesen retten" sind seit 2014 alle Mistplätze mit umgebauten Telefonzellen ausgestattet. Hier kön-

nen Bücher getauscht, aber auch einfach mitgenommen werden. Die von der Post ausrangierten Telefonzellen wurden von der 48er runderneuert. In Kooperation mit der MA 48 können auch in den Wiener Bädern, Bücher getauscht werden. Die Erstausstattung bzw. die Nachbestückung stammt dabei von uns.

Eine der Büchertauschzellen auf den Wiener Mistplätzen (oben) und ein umgebautes „Büchertausch-Einkaufswagerl" in den Wiener Bädern. (© MA 48)

Lebensmittelabfälle

Wiener Tafel

Auf Initiative der Stadt Wien – Umweltschutz unterstützt die Stadt Wien die Wiener Tafel seit vielen Jahren dabei, genussfähige Lebensmittel vor dem Wegwerfen zu bewahren. Die Wiener Tafel übernimmt am Naschmarkt, Brunnenmarkt und seit 2017 auch am Großmarkt Inzersdorf Obst und Gemüse. Insbesodere der Großmarkt verfügt über großes Potential, werden doch rund 70 % der in Österreich umgeschlagenen Mengen an Obst und Gemüse hier verkauft. Die Wiener Tafel sortiert genießbare Ware aus und verteilt diese sonst weggeworfenen Lebensmittel an soziale Einrichtungen. Täglich können ca. 4 Tonnen Lebensmittel durch die vielen ehrenamtlichen Helfer gerettet werden, um damit rund 19.000 Armutsbetroffene zu versorgen.

Selbstverpflichtungskodex

Aufgrund unklarer Haftungsfragen schrecken potenzielle Lebensmittelspender oftmals davor zurück, noch genusstaugliche Lebensmittel weiterzugeben, wodurch diese in weiterer Folge oftmals im Müll landen. Lebensmittelweitergabe-Organisationen, können die Einhaltung des Lebensmittelrechts in seiner Gesamtheit aufgrund der Regelungskomplexität und seines Umfanges schwer sicherstellen. Dafür wurde im Rahmen eines Projekts ein Selbstverpflichtungskodex erarbeitet und Unterlagen für Hygieneschulungen zusammengestellt, die eine breite Anwendung auch bei Weitergeber*innen finden könnten.

United against Waste

Die Stadt Wien unterstützt seit dem Start der Initiative im Jahr 2013 „United against Waste". Das ist eine bundesweite Plattform zur Vermeidung von Lebensmittelabfall in der Gastronomie und Gemeinschaftsverpflegung.

Rund um den Welttag gegen Lebensmittelverschwendung am 29. September werden seit mehreren Jahren Aktionstage in der Gemeinschaftsverpflegung durchgeführt. Unter dem Motto „Nix übrig für Verschwendung" werden Maßnahmen und Erfolge präsentiert und auch Konsument*innen aufgerufen, ihren Beitrag gegen das Wegwerfen von Lebensmitteln zu leisten.

Auch der Wiener Gesundheitsverbund nutzt seit Jahren die Expertise von United against Waste in allen Wiener Kliniken und Pflege-wohnhäusern und konnte schon erhebliche Verbesserungen bei anfallenden Lebensmittelabfällen erzielen.

Durch Schulungen und Verbesserungen bei der Planung (Einkauf, Portions-größe, Speiseangebot, …) können große Mengen an vermeidbaren Lebens-mittelabfällen reduziert werden. (© Unilever Food Solutions)

<u>**Beispiele für die Aktivitäten der Initiative United against Waste:**</u>

Küchenprofi[t]

Das Programm Küchenprofi[t] bietet eine individuelle Begleitung (im Ausmaß von ca. 2 Tagen) bei der Reduktion von Lebensmittelabfällen in Küchenbetrieben – von der Analyse der Abfallursachen bis zur Entwicklung von punktgenauen Maßnahmen.

Moneytor

Das Programm Moneytor ermöglicht Großküchen-Betreiber*innen, die Performance ihrer Standorte im Bezug auf Lebensmittelabfälle laufend zu überwachen und die größten Einsparpotenziale leicht zu identifizieren. Das System ist einfach und kostengünstig, denn die einzigen Daten, die dazu gesammelt werden, sind die monatlichen Ausspeise- und Entsorgungsmengen.

Essen statt Kübeln

Gerade im Bereich der Vermeidung von Lebensmittelabfällen ist es wichtig, die Menschen aufzurütteln. Studien und praxisferne Abhandlungen zu den globalen oder nationalen Auswirkungen von Lebensmittelabfällen sind wichtige Entscheidungsgrundlagen für Politik, Kommunen und Stakeholder. Diese schaffen aber keine Betroffenheit: *„Ja das ist schlimm, was da passiert, aber ich mach das ja eh nicht."* Gedanken wie diese kennen wir alle. Daher haben wir fünf plakative Comic-Clips über die ökologischen Auswirkungen bei der Produktion ausgewählter Lebensmittel (Käse, Huhn, Schokolade, Banane, Tramezzini) zusammengestellt. Diese und andere Lebensmittel schmeissen viele weg, sobald sie kleine Mankos aufweisen oder das Mindeshaltbarkeitsdatum überschritten wurde.

Die Krux bei Lebensmittelabfällen im Haushalt ist, dass Lebensmittelabfälle – einen kurzen Zeitraum betrachtend – nur in relativ kleinen Mengen anfallen. So wirkt die eine braune Banane im Abfall vielleicht nicht so schlimm, aber wir kübeln mit der Banane auch viele wertvolle Ressourcen. In den Clips wird veranschaulicht, wie viel Energie, Wasser und Bodenfläche für die Produktion der Lebensmittel notwendig waren. Wenn wir Schokolade - etwa mit einem leichten Grauschleiher - kübeln, kübeln wir also nicht "nur" diese Süssigkeit, sondern viel mehr:

- *so viel Wasser, wie du für 25 x Duschen benötigst.*
- *soviel CO_2, wie du bei 25 Stunden spielen mit dem Laptop verursachst.*
- *den Flächenbedarf von 7 m² Boden.*

Zusätzlich wurden in den gezeichneten Clips das Mindeshaltbarkeitsdatum erklärt sowie Tipps zur Restl-Verwertung gegeben.

Über das Jahr gesehen werden in Österreich pro Person rund 20 kg an vermeidbaren Lebensmittelabfällen über den Restmüll entsorgt.

Genussbox

2021 führten die Stadt Wien – Umweltschutz die Wiener Genussbox ein. Diese erleichtet die Mitnahme von nicht konsumierten Speisen für Gastronomiebesucher*innen. Die spezielle Genuss-Box aus Papier mit Tragegriffen ist wasserundurchlässig und für Mikrowelle, Kühlschrank sowie Backrohr geeignet. Damit werden Lebensmittelabfälle vermieden und die Gastronomen ersparen sich Entsorgungskosten. 1.000 Wiener Lokale erhielten 2021 eine Erstausstattung mit einem Probepaket – bestehend aus Infomaterial, vier Genussboxen und Aufklebern.

OekoBusiness Wien – Beratung von Betrieben

OekoBusiness Wien wurde 1998 von der Stadt Wien – Umweltschutz ins Leben gerufen und seither ständig weiterentwickelt. Dabei geht es nicht rein um Abfallvermeidung, sondern um viele andere Aspekte des Umweltschutzes wie der Energieeffizienz etc. Kleine und große Wiener Betriebe werden dabei von Fachexpert*innen im Ausmaß von 8 Stunden kostenlos beraten: Ziel ist es, die Effizienz und Sparsamkeit durch nachhaltiges Wirtschaften zu fördern.

Gelebte Abfallvermeidung im eigenen Haus

Mit dem „Technik Center" der MA 48 betreiben wir eine eigene Werkstatt für die Wartung und Reparatur unserer Müllsammelfahrzeuge, Straßenkehrmaschinen oder Winterdienstfahrzeuge. Als zuständige Dienststelle im Magistrat für den Einkauf von Fahrzeugen der Stadt Wien geben wir beim **Ankauf von Fahrzeugen** strenge Vorgaben zur **Reparaturfähigkeit** und der Verfügbarkeit von Ersatzteilen (10 Jahre) vor.

Skartierte (ausgemusterte) **Fahrzeuge,** die für den städtischen Intensivbetrieb nicht mehr geeignet sind, werden wiederum verkauft und dadurch weitergenutzt. Unsere **Kfz-Lehrlinge** können Erlerntes an **Sonderprojekten,** wie der Restaurierung von Oldtimern, eines Düsenjets oder eines Hubschraubers, anwenden – Abfallvermeidung mit garantiertem Spaßfaktor. Ausgestellt werden die Objekte u.a. beim Mistfest, auf der Deponie Rautenweg

Eine der Kfz-Lehrlinge, die den Borgward als Sonderprojekt restauriert haben.
(© Anton Höllersberger)

oder in den beiden Filialen des 48er-Tandlers. Damit machen wir auch gleich Werbung für unsere Lehrlingsausbildung.

Einige ausgemusterte Müllbehälter werden zu Regentonnen oder Nistplätzen für den Habichtskauz umgebaut. So gut wie die ganze Einrichtung des 48er-Tandlers wurde aus Abfällen upgecycelt. Sogar die nach dem Einsturz der Reichsbrücke 1976 deponierten Pfeiler wurden auf der Deponie Rautenweg wieder ausgegraben und dienen nun beispielsweise als Sitzgelegenheiten auf unserer Deponie. Hier gibt es auch ein zweites Leben für die alte Pflasterung des Stephansplatzes oder die ehemalige „Maiglöckchen"-Straßenbeleuchtung der Kärntnerstraße. Auch einer der Träger des 2019 gesprengten Rinterzelt wurde von unseren Kolleg*innen aus den Werkstätten zu einem Tisch weiterverarbeitet.

All das erscheint auf den ersten Blick vielleicht etwas ungewöhnlich, ist aber von großem Nutzen, wenn es darum geht, Abfallvermeidung greifbar und erlebbar zu machen – auch innerhalb der MA 48. Darüber hinaus identifizieren sich unsere Mitarbeiter*innen mit ihrem Job und damit, wofür wir stehen.

Zweites Leben von „Abfällen" auf der Deponie Rautenweg: ein Tisch aus einer Walze eines ehemaligen Deponieverdichters, die „Maiglöckchen-Beleuchtung" von der Kärntnerstraße sowie die ehemalige Pflasterung des Stephansplatzes. (© Christian Houdek)

Überblick ausgewählter Projekte der MA 48 und anderer Dienststellen der Stadt Wien

ABFALLVERMEIDUNG
Bewusstseinsbildung
Öffentlichkeitsarbeit (Presse, Kampagnen, Social Media,…)
Misttelefon
Abfallberatung
Mistfest und sonst. Veranstaltungen
Umweltberatung
Webseiten: www.abfall.wien.at, www.48ertandler.at www.abfallberatung.at, www.umweltberatung.at www.wenigermist.at, www.oekoevent.at
OekoBusinessPlan – Beratungsprogramm für Betriebe
Ökologische Veranstaltungen
Geschirrmobil
Mehrwegbecher und -geschirr für Veranstaltungen
ÖkoEvent – Beratungsangebot für Veranstalter*innen
Gesetzliche Vorgaben (Mehrweggebot, Abfallwirtschaftskonzept, …)
Green Events Austria – in Kooperation mit dem Bund
Reparaturdienstleistungen
Wiener Reparaturnetzwerk
Wiener Reparaturbon
Do-it-yourself (DIY) Reparatur
Mehrweg allgemein
Coffee to go – Mehrwegbecher
Wiener Windelgutschein

Einsatz von Mehrweg-Transportverpackungen
Wiener Geschenksack
Dialogplattform Take-away – Vernetzung von Gastronomie, Mehrweganbieter*innen und Lieferdiensten
Aufkleber für Gastrobetriebe mit Mehrwegangebot im Take-away-Bereich
Büchertausch-Telefonzelle auf den Mistplätzen, Büchertausch-Einkaufswagerlregal in den Wiener Bädern
Lebensmittel
United against Waste – bundesweites Beratungsprogramm für Großküchen
Lebensmittel retten am Großgrünmarkt
Unterstützung Wiener Tafel
Lebensmittel sind kostbar – in Kooperation mit dem Bund
Genussbox zur Mitnahme unverzehrter Speisen
Darstellung des ökologischen Fußabdrucks ausgewählter Lebensmittel
Vereinfachung Lebensmittelweitergabe
Abfallvermeidung im Baubereich
Lehrinhalte „Abfallarmes Bauen"
BauKarussel – verwertungsorientierten Rückbau von Bauteilen
Magistratsintern
Puma – Projekt Umweltmanagement im Magistrat
ÖkoKauf – ökologisches Beschaffungswesen
Weiterverkauf von skartierten Fahrzeugen, IT-Geräten, Möbel der Stadt Wien und nicht abgeholter Fundgegenstände
Fahrzeugreparatur

Auszug ausgewählter Abfallvermeidungsprojekte der Stadt Wien.

Weniger Restmüll

Seit den 2000er-Jahren reduziert sich das spezifische Restmüllaufkommen in Wien massiv. Im Zeitraum von 2005 bis 2023 produzierten wir um 17 % bzw. 54 kg weniger Restmüll pro Person. Diverse Abfallvermeidungsmaßnahmen, wie der verstärkte Einkauf von Secondhand-Waren sowie die getrennte Sammlung, haben gewiss einen positiven Einfluss darauf. Sie sind aber sicher nicht die alleinigen Faktoren für diese erfreuliche Abnahme.

Von 2005 bis 2023 wuchs die Bevölkerung in Wien um rd. 340.000 Personen (21 %).

Trotz diesem massiven Bevölkerungswachstum blieb die absolute Wiener Restmüllmenge mit 509.000 Tonnen im Jahr 2023 auf dem gleichen Niveau wie im Jahr 2005.

Fakt ist, dass es gelungen ist, das Abfallaufkommen und das Wirtschaftswachstum zu entkoppeln.

*Das Bevölkerungswachstum Wiens im Zeitraum von 2005-2023 entspricht in etwa den Einwohner*innen von Graz, der 2. größten Stadt Österreichs. (© Pixabay)*

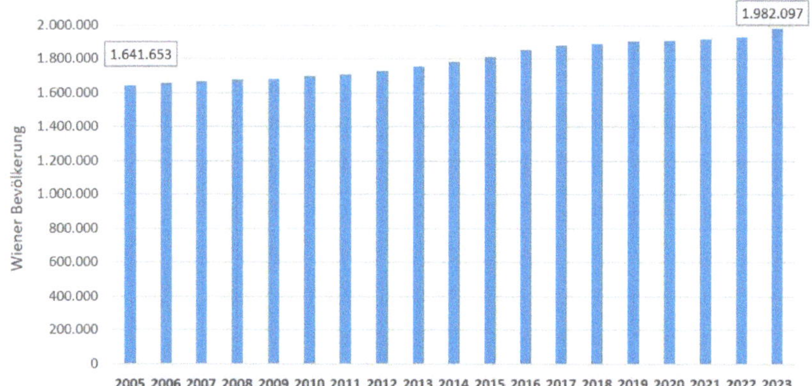

*Die Wiener Bevölkerung ist seit 2005 um rund 340.000 Einwohner*innen an-gestiegen. (© MA 48, Quelle: Stadt Wien - Wirtschaft, Arbeit und Statistik)*

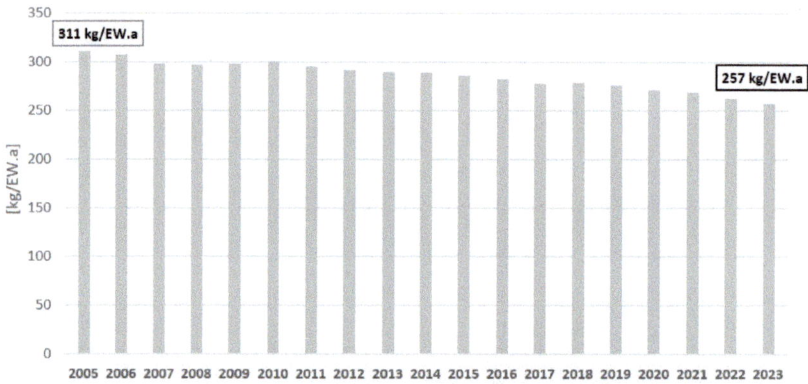

Entwicklung des spezifischen Restmüllaufkommens in Wien. Seit 2005 haben die Restmüllmengen pro Kopf um 54 kg abgenommen.
(© MA 48, Quelle: MA 48)

86

Vorbereitung zur Wiederverwendung/Re-Use

48er-Tandler-Boxen

Seit 2015 sind alle Mistplätze mit 48er-Tandler-Boxen ausgestattet. Hier können gut erhaltene Altwaren niederschwellig abgegeben werden – zuvor musste das Personal vor Ort aktiv angesprochen werden. Sofern es der Platz erlaubt, sind diese Abgabestellen bereits bei der Einfahrt situiert. Dies soll die Kund*innen sensibilisieren, sodass so manche vermeintlichen Abfälle doch nicht in der Abfallmulde landen, sondern als funktionstüchtige Altwaren für die beiden Filialen des 48er-Tandlers (Margareten und Donaustadt) abgegeben werden. Pro Monat betrifft das rund 100 Tonnen dieser Secondhand-Waren. Diese werden am Standort Rinter im 22. Bezirk sortiert und auf Brauchbarkeit überprüft. Hygienisch bedenkliche Produkte, wie Rasierer oder Matratzen, werden nicht weitergegeben.

Tandler-Boxen (links) wurden aus ehemaligen Problemstoffabgabecontainern gefertigt und sind daher selbst eine Abfallvermeidungsmaßnahme. (© links: feelimage/ Felicitas Matern; © oben: MA 48)

Fahrräder werden fahrtauglich gemacht oder einzelne Bestandteile als Ersatzteile weiterverwendet. Elektroaltgeräte werden von einem sozialökologischen Betrieb überprüft, teilweise repariert und mit Gewährleistung im 48er-Tandler verkauft.

48er-Tandler – Secondhand mit Wohlfühlfaktor

Bereits seit Ende der 1980er-Jahre können gut erhaltene Altwaren auf den Wiener Mistplätzen abgegeben werden.

Bis 2015 wurden die Altwaren im 48er-Basar verkauft. Dabei handelte es sich um eine alte Halle in einem ehemaligen Industriekomplex. Die gesamte Atmosphäre war wesentlich weniger einladend als nun bei unseren beiden Filialen des 48er-Tandlers. Die damalige Warenpräsentation und generell der Zugang der Gesellschaft zu Secondhand entsprach den früheren Anforderungen. Der Beweggrund für einen Besuch beim 48er-Basar war zumeist der günstige Preis und weniger der Gedanke an Abfallvermeidung bzw. Exklusivität von Secondhand-Produkten. Das Zielpublikum begrenzte sich daher vor allem auf sozial schwache Bevölkerungsschichten oder Flohmarktliebhaber*innen.

Warenpräsentation im 48er-Basar 2007. (© MA 48)

Mit der Errichtung des ersten 48er-Tandlers Mitte 2015 in Margareten und der Eröffnung der zweiten Filiale in der Donaustadt Mitte 2022 schlugen wir neue Wege in Sachen Re-Use ein. Wir entwickelten uns vom Schmuddel-Flohmarkt-Image zum angesagten, modernen Secondhand-Markt. 2023 besuchten rd. 220.000 Personen die beiden 48er-Tandler-Filialen.

Dies waren die Erfolgsfaktoren: Es werden nur Produkte angeboten, die den eigenen Qualitätsansprüchen genügen. Aufgrund seines modernen Designs, der Warenvielfalt, der Warenpräsentation und der sozialen Ausrichtung spricht der Secondhand-Markt nun so gut wie alle Bevölkerungsschichten an: Jung, alt, arm, reich, Schnäppchenjäger*innen, Umweltaffine, Alternative, Tierliebende, sozial Engagierte oder Vintage-Liebende. Unsere Erwartungen wurden mehr als übertroffen. Da zahlreiche Sachspenden auch an soziale Einrichtungen übergeben werden und die Verkaufserlöse dem Tierschutz zugutekommen, werden auch sozial verantwortlich agierende Menschen und Tierschützer*innen erreicht. Durch Veranstaltungen, wie Repair-Cafés, Konzerte, Lesungen etc., werden zusätzlich Menschen angelockt, die womöglich niemals einen Secondhand-Markt besuchen würden.

Warenpräsentation im 48er-Tandler. (© Christian Houdek)

Vergleich Portal 48er-Basar (Secondhand-Markt von 1988 - 2017) mit jenem vom 48er-Tandler (moderner Secondhand-Markt 2.0) in der Donaustadt. (© oben: MA 48, unten: © Christian Fürthner)

Stoffliche Verwertung

Getrennte Sammlung

Allgemeines

Die getrennte Behältersammlung von Altpapier, Altglas, Altmetallen und Kunststoffverpackungen wurde Anfang der 1980er-Jahre ein-

geführt. 1991 erfolgte die flächendeckende Aufstellung der Biotonnen. Die Wiener Mistplätze und die Problemstoff sammlung bestehen seit 1988.

Öffentliche Altstoffbehälter in den 1990er-Jahren im Vergleich zu heute. (© oben: MA 48, © unten: Christian Houdek)

Bundespräsident Van der Bellen bei der Entsorgung von Altglas. (© feelimage/Felicitas Matern)

Heute gibt es rund 230.000 Altstoffbehälter auf privaten Liegenschaften oder öffentlichen Standorten. Altpapierbehälter sind hauptsächlich im innerstädtischen Bereich direkt auf den Liegenschaften aufgestellt, Biotonnen zumeist auf den Grundstücken mit angeschlossenem Garten. Die anderen Behälter befinden sich, mit Ausnahme von großen Wohnhausanlagen, zumeist auf öffentlichen Standorten. Die jeweilige Situierung ist davon abhängig, wie viel vom jeweiligen Abfall anfällt. Dadurch werden innerhalb kurzer Intervalle tatsächlich nur gefüllte Behälter entleert. Dies reduziert Geruchsbelästigungen, macht die Sammlung effizient und reduziert Transporte. Das Sammelsystem für die jeweiligen Abfallarten ist von der gewöhnlich anfallenden Menge und den Systembetreiber*innen abhängig. Man unterscheidet zwischen Hol- und Bringsystem.

Abfallbezeichnung	Sammlung auf Liegenschaften	Altstoff-sammelinseln	Mistplatz
	Holsystem	Bringsystem	Bringsystem
kostenpflichtige Entsorgung			
Restmüll	XXX		X
kostenlose Entsorgung			
Bioabfälle	XXX	X	X
Papier	XX	X	X
Glas	X	XX	X
Leichtverpackungen (Kunststoff-VP, Getränkekartons, Dosen, sonst. VP)	X	XX	X
Metallschrott			XXX
sonst. Altsstoffe			XXX
Sperrmüll			XXX
Elektroaltgeräte			XXX
Problemstoffe			XXX
ReUse-Ware (Altwaren)			XXX

Sammelsysteme in Abhängigkeit der Abfallfraktionen. Je höher die Anzahl an „X" ist, umso ausgeprägter ist das jeweilige Sammelsystem.
(© MA 48)

Unser Motto: Qualität statt Quantität

Bis Ende 2022 war die Wiener Gelben Tonne ausschließlich für die getrennte Sammlung von Plastikflaschen, Getränkekartons und Metall vorgesehen. Joghurtbecher, Wurstverpackungen oder etwa Chipspackerln hatten hingegen nichts darin zu suchen, da diese aufgrund der Materialzusammensetzung oder aus wirtschaftlichen Gründen nur bedingt recycelt wurden.

Durch die Fokussierung auf Plastikflaschen konnten 70 % der beworbenen Kunststoffverpackungen tatsächlich recycelt werden. In jenen Bundesländern, wo alle Kunststoffverpackungen bereits gemeinsam gesammelt wurden, war es genau umgekehrt. Hier konnten lediglich 30-40 % der zunächst mühsam getrennt gesammelten Abfälle tatsächlich stofflich verwertet werden der Rest wurde bei diesem Sammelsystem verbrannt.

Auch im Bereich der Sammlung von biogenen Abfällen beschreiten wir einen eigenen Weg: **Unsere Wiener Biotonne ist eine Veganerin.** Fleisch- bzw. Fischabfälle, Knochen, Katzenstreu oder Haare haben daher in Wien nichts in der Biotonne zu suchen. Unser Ziel ist die Produktion von hochwertigem Kompost, der auch im biologischen Landbau eingesetzt werden kann. Daher hat unser Kompost die Qualität A^+. Die Produktion eines Komposts minderer Qualität, welcher beispielsweise lediglich als Deckschicht von Deponien verwendet werden kann, ist uns zu wenig.

> **Wir fokussierten uns auf jene Wertstoffe, die tatsächlich hochwertig recycelt werden.**

Österreichweite Vereinheitlichung der Sammlung von Kunststoffverpackungen

Seit 2023 ist die Leichtverpackungssammlung österreichweit vereinheitlicht – in der Gelben Tonne/im Gelben Sack dürfen nun alle Leichtverpackungen (das sind zum größten Teil Kunststoffverpackungen wie Joghurtbecher, Folien, Chipssackerln, Obsttassen sowie – wie bisher – Kunststofflaschen, Getränkekartons und Metall) gesammelt werden.

Aufgrund der noch sehr eingeschränkten Recyclingfähigkeit vieler Kunststoffverpackungen haben sich Regionen, wie Wien, in den letzten Jahren für die Sammlung der besonders recyclingfähigen Plastikflaschen eingesetzt

Seit einiger Zeit gibt es jedoch immer größere Fortschritte bei den Sortiertechnologien (Sortiertiefe, Durchsatz etc.) und es werden die gesetzlichen Vorgaben hinsichtlich Recyclingfähigkeit bzw. Produktdesign strenger. Ab 2030 müssen alle Kunststoffverpackungen recyclingfähig oder wiederverwendbar sein. Allerdings müssen auch die Hersteller*innen verpflichtet werden die – unter Umständen auch teureren (in Abhängigkeit des Marktpreises von Primärrohstoffen) – recycelten Altstoffe einzusetzen.

Durch die bundesweite Vereinheitlichung 2023 wird die Kommunikation erleichtert: Nun finden Zugezogene, Student*innen und Tourist*innen in Wien bzw. österreichweit die gleichen Vorgaben für die getrennte Sammlung von Leichtverpackungen vor.

Maßgebliche Verbesserungen in der nahen Zukunft

- **Produktdesign:** EU-Regelungen geben vor, dass – leider erst – ab 2030 (!!!) Kunststoffverpackungen recyclingfähig sind. Damit werden Verpackungen künftig vermehrt aus Monomaterial anstelle des bisherigen Material-Mixes bestehen. Immer mehr Hersteller*innen beginnen bereits, ihre Verpackungsmaterialien dementsprechend umzustellen – etwa im Drogeriehandel.
- **Nachfrage von Sekundärrohstoffen:** Spät, aber doch müssen PET-Flaschen ab 2030 zumindest zu 30 % aus recyceltem Material bestehen. Damit wird die Nachfrage an Rezyklaten massiv gesteigert und ist nicht mehr ausschließlich an die Weltmarktpreise der Primärrohstoffe gebunden.
- **Sortieranlagen:**
  Aus den Mitteln des europäischen Aufbauplans nach der Covid19-Pandemie werden bis 2025 in Österreich rund 60 Millionen Euro für den Ausbau und die Modernisierung von Kunststoffsortieranlagen bereitgestellt.

Die österreichweit gesetzlich geregelte Vereinheitlichung der Leichtverpackungssammlung ist grundsätzlich sinnvoll. Aus unserer Sicht allerdings noch etwas verfrüht:

Die Fortschritte können nicht von einem Tag auf den anderen vollkommen erreicht werden. Daher wird auch in der näheren Zukunft noch viel verbrannt werden.

Man kann sich ehrlicherweise fragen, was brauchen wir zuerst: Die Sammelmengen, die Rezyklierbarkeit oder die Behandlungsanlagen? Man benötigt ein Gesamtkonzept (inkl. des verpflichteten Einsatzes bzw. der Abnahme der Sekundärrohstoffe), ansonsten sortieren wir für den „Ofen".

Metalle aus den Verbrennungsrückständen

Trotz des dichten Angebots an Einrichtungen für die getrennte Sammlung von Metallen (Gelbe Tonne/ Gelber Sack) und der gesetzlichen Verpflichtung zur getrennten Sammlung verbleibt noch ein erheblicher Anteil an Metallen im Restmüll (siehe Seite 115). Daher setzen wir in Wien nicht ausschließlich auf die getrennte Sammlung von Metallen in der gelben Tonne, sondern auch auf die Gewinnung der Wertstoffe aus dem Restmüll: Bei der Aufbereitung von Teilen des Wiener Restmülls im Abfalllogistikzentrum sowie der Abscheidung in unserer Behandlungsanlage für Verbrennungsrückstände am Standort Rinter werden Eisen- und Buntmetalle (Standort Rinter), wie Aluminium, zurückgewonnen.

In Summe werden durch diese Behandlungsschritte rd. 25.000 Tonnen an wertvollen Metallen dem Recycling zugeführt. Zum Vergleich: durch die Sammlung von Metallen in der Gelben Tonne können jährlich rund 3.000 Tonnen recycelt werden.

Output der Metallabscheidung aus den Verbrennungsrückständen am Standort Rinter. (© feelimage/Felicitas Matern)

Die getrennte Sammlung ist dennoch der mechanischen Aufbereitung zur Gewinnung von Sekundärrohstoffen vorzuziehen, da es im Zuge jedes Sortierschrittes zu Verlusten kommt bzw. im Zuge der thermischen Behandlungen zu Verunreinigen, wodurch sich die Recyclingqualitäten verringern.

Beispiele für Recycling

Altpapier

Papier kann den Kreislauf von Produktion und Verwertung mehrmals durchlaufen. Allerdings führt jede Recyclingstufe zu einer Abnützung, das heißt zu einer Qualitätsabnahme und dadurch auch zu einem eingeschränkten Einsatzbereich. Im Durchschnitt können die Fasern etwa sechsmal im Recycling eingesetzt werden, da die Fasern immer kürzer werden. Kartonagen verfügen aufgrund ihres hohen Recyclinganteils (bis zu 95 %) bereits über kürzere Fasern, was die Qualität im Vergleich zu anderen Papiersorten verringert. Je nach Einsatzgebiet ist der Anteil an Recyclingfasern unterschiedlich hoch. Bei den jeweiligen Verwertungsbetrieben werden Druckwerke (Zeitungen, Kuverts etc.) daher von Kartonagen getrennt und gesondert recycelt.

Das sortierte Altpapier gelangt in den sogenannten Pulper. Dies ist ein großer Behälter mit einem Mixer, wo das Papier durch den Zusatz von Wasser zu einem Brei verarbeitet wird. Dabei löst sich das Papier in seine Faserbestandteile auf. Der Brei wird von Fremdstoffen wie Heftklammern oder Sichtfenstern befreit. Anschließend wird die Druckerschwärze entfernt und der Brei entwässert, getrocknet und zu Papierrollen mit einem unterschiedlich hohen Recyclinganteil gepresst.

Das recycelte Papier wird in fast allen Papierprodukten eingesetzt: Klopapier, Zeitungen, Verpackungen, Pappe, Wellpappe u.v.m.

Kunststoffrecycling

Durch das Recycling von nur 1 Kilogramm Kunststoff werden 1,9 Kilogramm Erdöl eingespart. PET-Flaschen werden wieder zu PET-Flaschen, was als „bottle to bottle"-Recycling bezeichnet wird.

Flakes von PET-Flaschen zur Produktion neuer Flaschen.
(© Andi Bruckner)

Aus Hartplastikteilen, wie Gartenstühlen oder Blumentöpfen, werden z.B. Computergehäuse hergestellt oder das Material wird für den Innenraum von Fahrzeugen verwendet.

Ausgeschiedene Rest- und Altstoffbehälter aus Kunststoff der MA 48 werden ebenfalls recycelt und zur Produktion neuer Müllbehälter (Recycling-Anteil: 30 %) eingesetzt.

Recycling-Wöli. (© MA 48)

Bei der Beschaffung der sogenannten „Wölis", Behälter zur Vorsammlung von Speiseöl, wird ebenfalls auf den Einsatz von recyceltem Kunststoff gesetzt.

Aluminiumrecycling

Beim Einsatz von Aluminium-Getränkedosen zur Produktion neuer Gegenstände wird um 95 % weniger Energie als bei der Verwendung von Aluminium als Primärrohstoff benötigt.

Getränkedosen aus Rezyklat benötigen bei der Herstellung um 95 % weniger Energie als aus Primärrohstoffen. (© ARA AG)

Aluminium wird aus Bauxit gewonnen. Bauxit ist ein Gestein und wichtiges Aluminium-Erz, welches vor allem in China, Brasilien und Guinea gewonnen wird. Durch den Abbau werden große Flächen benötigt, welche im Falle von Brasilien sogar die Rodung des Amazonas forciert. Um eine Tonne Aluminium herzustellen, werden vier Tonnen Bauxit benötigt. Dies erzeugt zehn Tonnen Abraum, was bedeutet, dass die „unnütze" Deckschicht des Bodens als Abfall anfällt. Um an das Aluminium zu kommen, muss der Bauxit erst energieintensiv aufgeschmolzen werden. All das fällt bei dem Einsatz von Aluminium aus der getrennten Sammlung weg.

Noch besser ist natürlich auch hier die Vermeidung: Dann gelangt Aluminium erst gar nicht in den Produktionskreislauf und die schädlichen Umweltauswirkungen werden vermieden.

Kompostierung

Biogene Abfälle aus der Biotonne und von den Mistplätzen werden im Kompostwerk Lobau zu wertvollen organischen Düngern in Form von Kompost verarbeitet. Aus 100.000 Tonnen biogenen Abfällen werden aufgrund der mikrobiellen Abbauprozesse bis zu 50.000 Tonnen Kompost produziert. In Jahren mit geringerem Pflanzenwachstums – etwa aufgrund von Trockenheit – reduziert sich auch die Sammelmenge und folglich die Kompostproduktion.

Kompostwerk Lobau. (© feelimage/Felicitas Matern)

Gute Gründe für die Produktion von Kompost:
- **Nährstofflieferant:** Aufgrund der Inhaltsstoffe und den enthaltenen Mikroorganismen stellt Kompost einen langfristig verfügbaren Nährstoffspeicher für die Pflanzen dar. Dabei handelt es sich um einen organischen Dünger, der mineralischen Dünger ersetzt.

- **Biolandbau:** Wir verwenden für die Kompostierung ausschließ-
  lich qualitativ hochwertiges Ausgangsmaterial, deswegen ist unsere Biotonne eine Veganerin und das Sammelmaterial stammt
  aus Grüngebieten – dort gibt es einen sehr geringen Fehlwurf-
  anteil. Gekochte Speisereste haben aufgrund des hohen Salz-
  gehaltes nichts in der Tonne zu suchen. Unser Kompost verfügt
  daher über die höchste Qualitätsstufe A$^+$, welche auch im Biolandbau verwendet wird.

- **Bodenverbesserung:** Durch die strukturellen Eigenschaften
  wirkt sich der Kompost positiv auf die Bodenstruktur aus.
  Dadurch verbessert sich der Wasserhaushalt, die Durchlüftung
  und die Durchwurzelbarkeit des Bodens.

- **Schutz vor Erosion:** Aufgrund der Eigenschaften zur Bodenverbesserung wird die Verringerung der Bodendecke hintangehal-
  ten.

- **Zero Waste und Kreislaufwirtschaft:** Die Kompostierung von
  biogenen Abfällen ist das beste Beispiel für Zero Waste und ge-
  lebter Kreislaufwirtschaft: All das, was uns die Natur zur Verfügung stellt, wird ihr mittels Kompost wieder zurückgegeben. Der
  Kreis schließt sich: Aus Pflanzen wird Kompost hergestellt, mithilfe von Kompost wachsen Pflanzen, aus Pflanzen wird Kompost hergestellt, mithilfe von Kompost …

- **Bewusstseinsbildung:** Wiener*innen können ½ m^3 Kompost
  kostenlos bei unseren Mistplätzen abholen. Damit wird Kreislaufwirtschaft „greifbar".

- **Klimaschutz:** Kompost wirkt als Kohlenstoffsenke, da er CO_2 im
  Boden bindet.

Wir nutzen den Kompost aber auch für die Herstellung von Gar-
ten- und Blumenerde wie beispielsweise unserer torffreien Erde
„Guter Grund", die über die Mistplätze und die beiden 48er-

Tandler-Filialen vertrieben wird. Durch die Beigabe von Kompost kann auf Torf verzichtet werden. Dies reduziert den Torfabbau und schützt die Moore, wodurch das CO_2 langfristig gebunden bleibt. Erst durch den Abbau und die Verwendung wird dieses CO_2 frei und trägt damit zum Klimawandel bei.

> Pro Jahr werden durch die Produktion von 48er-Kompost und torffreier Erde rund 20.000 Tonnen CO_2 eingespart. [16]

Unsere torffreie 48er-Erde „Guter Grund" mit Kompost aus der Wiener Biotonne ist nach dem österreichischen Umweltzeichen zertifiziert.
(© Christian Houdek)

Sonstige Verwertung

Energie aus Abfall

Restmüll, Sperrmüll, Straßenkehricht etc. sowie nicht verwertbare Problemstoffe verfügen über einen hohen Energieinhalt, was einen hohen Heizwert bedeutet. Diesen Umstand machen wir uns zunutze. Fossile Energieträger, wie Erdöl, Erdgas oder Kohle, werden daher durch die energetische Verwertung von Abfällen ersetzt.

Ein Teil des Restmülls wurde bereits mit Inbetriebnahme der Müllverbrennungsanlage (MVA) Flötzersteig 1963 zur Wärmeversorgung des Wilhelminenspitals genutzt.

Die MVA Flötzersteig ist die 1. Müllverbrennungsanlage in Wien.
(© FOTObyHOFER)

Mit der Inbetriebnahme der MVA Spittelau (1971), dem Wirbelschichtofen 4 im Werk Simmeringer Haide (2003) und der MVA Pfaffenau (2008) konnte der Anteil des direkt deponierten Restmülls mittlerweile auf null reduziert werden. Restmüll wird heute zu 100 %

zur Produktion von Energie in Form von Strom, Fernwärme und mittlerweile auch Fernkälte genutzt.

Auch aus der Verbrennung von gefährlichen Abfällen im Werk Simmeringer Haide der Wien Energie (umgangssprachlich auch „Sondermüllverbrennungsanlage" genannt) wird Energie erzeugt.

In Summe werden derzeit pro Jahr rund 6.500 GWh an Fernwärme produziert und mithilfe eines rd. 1.300 km langen Fernwärmenetz an 7.000 Großkund*innen und 400.000 Wiener Haushalte geliefert. Ein Drittel der Fernwärme Wiens wird durch die Verbrennung von Restmüll und Co. produziert.

Rund 95.000 Wiener Haushalte werden mit Strom versorgt, der durch die thermische Verwertung von Restmüll erzeugt wird.

Müllfeuer in der MVA Pfaffenau. (© WKU)

Die Produktion von Strom **UND** Fernwärme ergibt einen Nutzungsgrad von über 76 %. Das heißt, ein Kilogramm Restmüll kann zu drei Viertel zur Energieproduktion genutzt werden.

Zum Vergleich: Anlagen, welche – anders als in Wien – außerhalb von Wohngebieten errichtet wurden, produzieren mitunter ausschließlich Strom, da die Errichtung einer kilometerlangen Fernwärmeleitung zum nächsten Ort bzw. den nächsten Wohnhäusern/Gewerbebetrieben unwirtschaftlich ist. Der Wirkungsgrad dieser Müllverbrennungsanlagen beträgt nur rund 25 %.

Beseitigung

Mit „geerbten" Altlasten aufräumen –

Kontaminationen der Umwelt beseitigen

Einhergehend mit der industriellen Revolution im 19. Jahrhundert stieg auch die Belastung der Umwelt. Der technologische Fortschritt und die Herstellung neuer Produkte ermöglichten zwar den heutigen Wohlstand, waren jedoch mit beträchtlichen Auswirkungen auf die Umwelt verbunden. Es war gang und gäbe Abfälle aus Haushalten oder Gewerbe (z.B. Wäschereien, Werkstätten) und Industrie (z.B. Metallverarbeitung) einfach in Gruben und Halden abzulagern. Auch durch Manipulationsverluste, dem Austreten von gefährlichen Stoffen aufgrund von Betriebsunfällen, der Ablagerung betrieblicher Abfälle auf dem Betriebsgelände oder Kriegslasten kam es zu Verunreinigungen des Untergrundes und des Grundwassers.

Diese Gefahren für Wasser, Boden, Luft und Menschen wurden zunächst nicht als solche erkannt, daher gab es keine bzw. so gut wie keine gesetzliche Regelungen für den Umgang mit gefährlichen Stoffen oder für die Ablagerung von Abfällen. Heute hat sich dies komplett gedreht: Zahlreiche Rechtsmaterien (Abfallrecht, Wasserrecht, Deponie-Verordnung, ...) geben klare Regeln zum Schutz unserer Natur und der Menschen vor.

Österreichweit gibt es allerdings auch heute noch Altlasten, welche in der Vergangenheit durch Gewerbe, Industrie aber auch die Abfallwirtschaft verursacht wurden. Hier kommen wir ins Spiel:

Es wurden Gruben außerhalb und innerhalb Wiens mit dem Müll aus den Wiener Haushalten verfüllt. Die Deponie Rautenweg war eine davon. Die Stadt Wien begann bereits Mitte der 80er-Jahre mit der Sicherung bzw. Sanierung von Altlasten. Damit nahm Wien eine

Vorreiterrolle innerhalb Österreichs ein. Die Sicherung der Deponie Rautenweg mit dem Wiener Kammersystem (Umschließung der Deponie zur Sicherung des Grundwassers) erfolgte 1986, die ehemalige Schüttung „Im Gestockert" wurde 1987 geräumt. Die Sicherungs- bzw. Dekontaminierungsmaßnahmen erfolgten durch die Stadt Wien. Seit Inkrafttreten des Altlastensanierungsgesetzes im Jahr 1989 gibt es ein Fördermodell des Bundes, welches zunächst u.a. über Deponiebetreiber (in Abhängigkeit der Masse und der Art der deponierten Abfälle) finanziert wurde. Mittlerweile ist auch ein Beitrag für jede Tonne Input in Müllverbrennungsanlagen zu zahlen, da es in Österreich keine Restmülldeponien mehr gibt und daher finanzielle Mittel fehlen, die verbliebenen Altlasten auch weiter zu sanieren. Nun sind alle Altlasten in Wien, welche in Wien aus der Deponierung von Haushaltsabfällen entstanden, gesichert oder dekontaminiert. Aber auch in Zukunft müssen diese Altlasten der 48er nachbetreut werden. Die Wiener Gewässer Management GesmbH (WGM, 100%ige Tochter der Stadt Wien – Wiener Gewässer) wickelt für uns die Altlastensanierung ab.

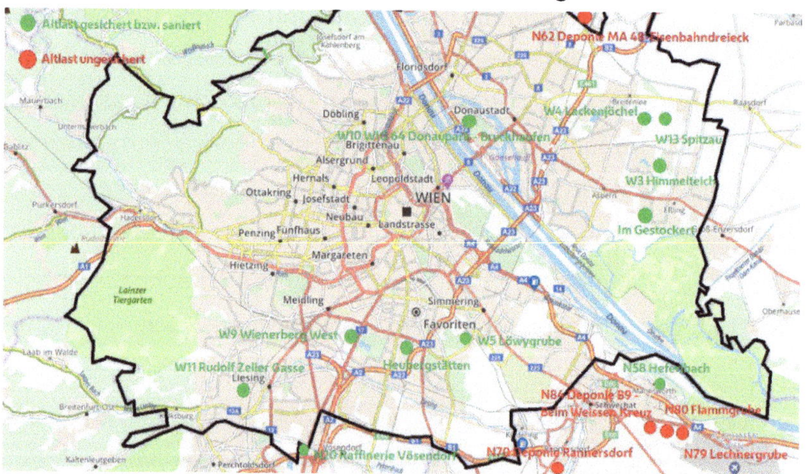

Gesicherte bzw. ungesicherte Altlasten, welche durch die Entsorgung von Hausmüll verursacht wurden. (Stand Sommer 2023, © MA 48)

Deponie Rautenweg

Das Areal der Deponie Rautenweg umfasst eine Fläche von etwa 60 Hektar und besteht seit 1961. Mit über 23 Millionen Kubikmetern genehmigtem Schüttvolumen ist sie die größte Reststoff-Deponie Österreichs. In den letzten 55 Jahren wurden über zehn Millionen Kubikmeter an Abfällen abgelagert. Bis Mitte 2008 mussten aufgrund fehlender Verbrennungskapazitäten neben Verbrennungsrückständen auch unbehandelter Sperrmüll und Restmüll deponiert werden. Seit 01.01.2009 dürfen in Österreich keine unbehandelten Abfälle mehr deponiert werden. Daher ist seit der Inbetriebnahme der Müllverbrennungsanlage Pfaffenau im Herbst 2008 die Ablagerung von Rest- und Sperrmüll Geschichte.

Im Endausbau wird die Höhe der Deponie 75 Meter über Gelände betragen. Dies wird frühestens 2065 erreicht werden.

Deponie Rautenweg. (© Christian Fürthner)

Energiegewinnung aus Deponiegas

Deponien gehören neben dem Reisanbau und der Viehwirtschaft zu den größten Methan-Emittenten weltweit. Aufgrund biologischer Abbauprozesse der organischen Bestandteile des abgelagerten Restmülls (z.B. Bioabfälle, Holz, Altpapier, Kunststoffe) entsteht klimaschädliches Methan. Je höher der organische Anteil im abgelagerten Abfall ist, desto mehr Methan bildet sich.

Seit Ende 2008 werden nur noch Verbrennungsrückstände abgelagert. Diese beinhalten keine Organik bzw. keinen Kohlenstoff – sind daher inaktiv. Die alten, methanbildenden Mikroorganismen bekommen daher keinen Nachschub an „frischem" Futter. Über die Fortdauer der Zeit „verhungern" diese Mikroorganismen aus den Altablagerungen – und das ist gut so. Bis dahin dauert es aber noch Jahrzehnte. Seit 1991 wird das anfallende Methan daher auf der Deponie Rautenweg erfasst und bereits seit 1994 zur Produktion von Strom genutzt. Seit 2015 wird die Abwärme zudem für die Wärmeversorgung des benachbarten Tierheims der Stadt Wien, dem Tier-QuarTier Wien, verwendet.

Gasbrunnen auf der Deponie Rauten-
weg. (© Krischanz.Zeiler)

Durch die Gaserfassung wird kein Methan in die Atmosphäre emittiert.

Die positiven Auswirkungen durch die schrittweise Reduktion des deponierten Restmülls – bis zur kompletten Einstellung im Jahr 2008 – zeigt eine deutliche Abnahme des Methans: Wurden im Jahr 1996 noch 20 Millionen m³ erfasst, so waren es 2023 „nur" noch 1,8 Millionen m³.

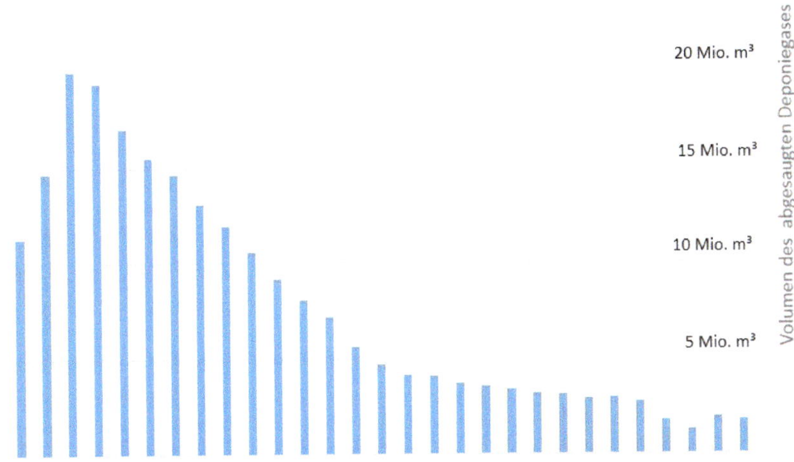

Die Menge an abgesaugtem, methanhaltigem Deponiegas nimmt laufend ab, da kein unbehandelter Restmüll mehr deponiert wird. (© MA 48)

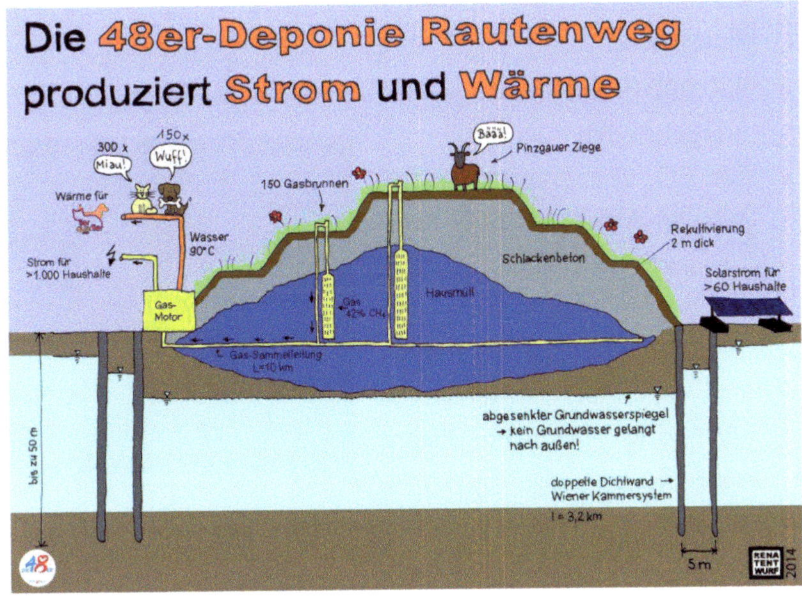

Der Querschnitt der Deponie Rautenweg mit technischen Einrichtungen zur Grundwassersicherung (Umschließung mit parallel verlaufenden Dichtwänden & Wasserhaltung) sowie zur Energiegewinnung. (© RENATENTWURF)

Fazit: Das bringt's fürs Klima

Unsere derzeitigen Maßnahmen im Bereich der Abfallsammlung und -behandlung leisten einen maßgeblichen Beitrag zum Klimaschutz.

2020 untersuchten wir unseren derzeitigen CO_2-Fußabdruck. Dabei wurden jene CO_2-Emissionen, welche wir aufgrund unserer Tätigkeiten (z.B. Sammlung, Transport, Sortierung, sonst. Behandlung) verursachen, jenen gegenübergestellt, welche wir aufgrund von Energieproduktion und Recycling (**in Österreich**) einsparen. Das Ergebnis kann sich sehen lassen: In Summe sparen wir derzeit 330.000 Tonnen CO_2 pro Jahr ein, d.h., der Nutzen überwiegt bei Weitem unserem Aufwand. Es können damit fast doppelt so viele CO_2-Emissionen eingespart werden, als durch unsere Tätigkeiten entstehen.

Beispiele zur Veranschaulichung der positiven Effekte auf den globalen Klimaschutz:

- 100.000 Buchen benötigen 100 Jahre, um diese Menge an CO_2 zu speichern.
- Die CO_2-Einsparung durch die Wiener Abfallwirtschaft kompensiert die Emissionen eines mit Benzin betriebenen Fahrzeugs, welches theoretisch 35-mal zum Mars fahren würde (56 Mio. km = kürzester Distanz zur Erde).

Würden wir heute hingegen noch immer alle Abfälle aus den Wiener Haushalten **unbehandelt deponieren** (nichts energetisch verwerten bzw. recyceln), dann würden wir pro Jahr in Wien **eine Million Tonnen** an **CO_2 emittieren**. Dies ist auf mikrobielle Abbauprozesse bei der Deponierung unbehandelter Abfälle (direkte Deponierung von

Restmüll) zurückzuführen. Beim Abbau organischer Inhaltsstoffe entsteht Deponiegas, also Methan. Dieses Gas schädigt das Klima 28-mal mehr als Kohlenstoffdioxid.

> Die großen **Kohlenstoffeinsparungen** von **330.000 t CO_2-Äquivalenten** durch die Wiener Abfallwirtschaft sind ein großer Erfolg.

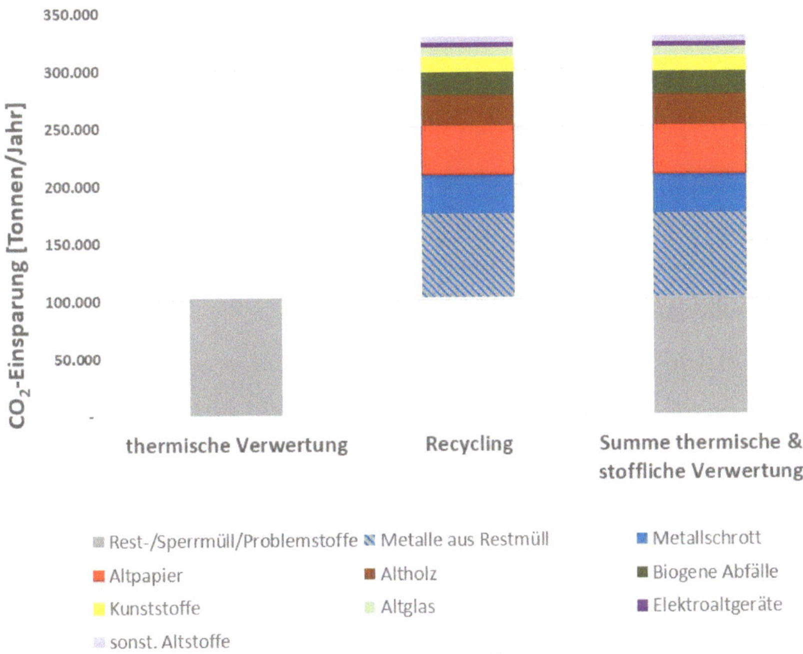

Wiener Abfallwirtschaft und ihr Beitrag zum Klimaschutz [16]. (© MA 48)

Leider werden Siedlungsabfälle in vielen Ländern Europas noch immer unbehandelt deponiert, anstelle diese energetisch zu verwerten (siehe Seite 184) und damit die negativen Klimaauswirkungen zu reduzieren.

Kreislaufwirtschaft vermag allerdings noch viel mehr zu bewirken, da es bereits beim Produktdesign und der Abfallvermeidung ansetzt. Für Klimaschutz und Ressourcenschonung ist die Kreislaufwirtschaft der größere Hebel.

Viel erreicht – viel zu tun!

Stimmt, wir haben gemeinsam mit der Bevölkerung viel erreicht. Es gibt aber noch jede Menge an Verbesserungspotential, wie unsere Restmüll- und Altstoffanalysen zeigen.

Wir sammeln jährlich über 500.000 Tonnen Restmüll. Darin sind leider noch viele vermeidbare Abfälle sowie Wertstoffe enthalten. Diese gehen derzeit dem Recycling zum Großteil verloren.

So trennen die Wiener*innen

Abfallanalysen sind der Spiegel unserer Gesellschaft. Sie zeigen die Realität unseres Trennverhaltens. Abfallanalysen zeigen aber die süße und bittere Wahrheit: Was funktioniert gut? Wo gibt es Verbesserungsbedarf?

100.000 Tonnen vermeidbarer Lebensmittel werden in Wien nicht verzehrt und landen im Restmüll. Wenn bedacht wird, dass weltweit 10 % aller Treibhausemissionen auf die Produktion von Lebensmittel zurückzuführen sind [17], ist dies ein großer Brocken. Hinzu kommt noch der Ressourcenverbrauch aufgrund des Boden- und Wasserbedarfs, der Überdüngung der Böden und der Verunreinigung des Wassers durch den Einsatz von mineralischem Dünger oder von Pestiziden. 50 % der vermeidbaren Lebensmittelabfälle stammen in Österreich aus Haushalten [18].

Von den Wertstoffen ist Papier mit einem Erfassungsgrad[2] von 60 % der negative Spitzenreiter, da 56.000 Tonnen im Wiener Restmüll verbleiben.

---

[2] Stellt man die getrennt gesammelte Menge einer Abfallfraktion dem jeweiligen Anteil der Fraktion im Restmüll gegenüber, erhält man den Erfassungsgrad.

28.000 Tonnen Altglas landen im Restmüll, was einem Erfassungsgrad von 55 % durch die getrennte Sammlung entspricht.

Vor ein paar Jahren landete von fünf PET-Getränkeflaschen lediglich eine in der getrennten Sammlung. Heute wird immerhin schon ein Viertel richtig entsorgt, allerdings ist auch das noch weit weg von 100 %.

Wie man sieht, ist hier noch viel Luft nach oben! Aber was sind die Gründe hierfür?

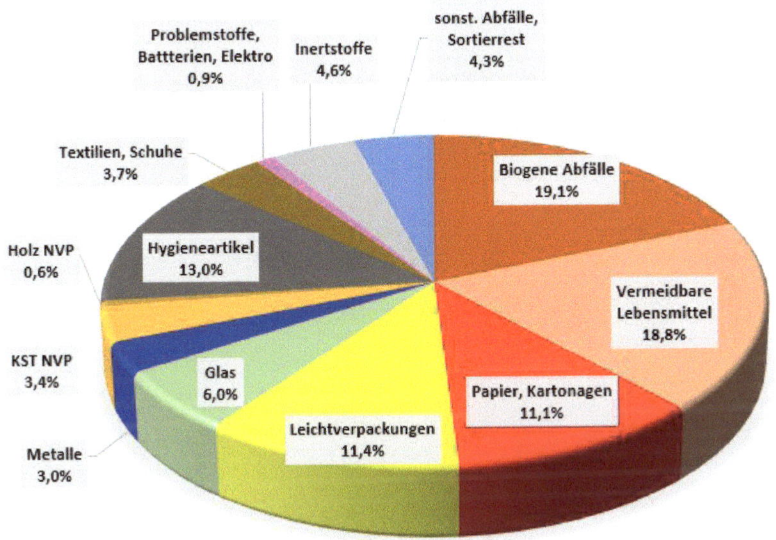

Das ist noch alles in unserem Wiener Restmüll. Viele Abfälle können vermieden und Wertstoffe recycelt werden [26]. (© MA 48)

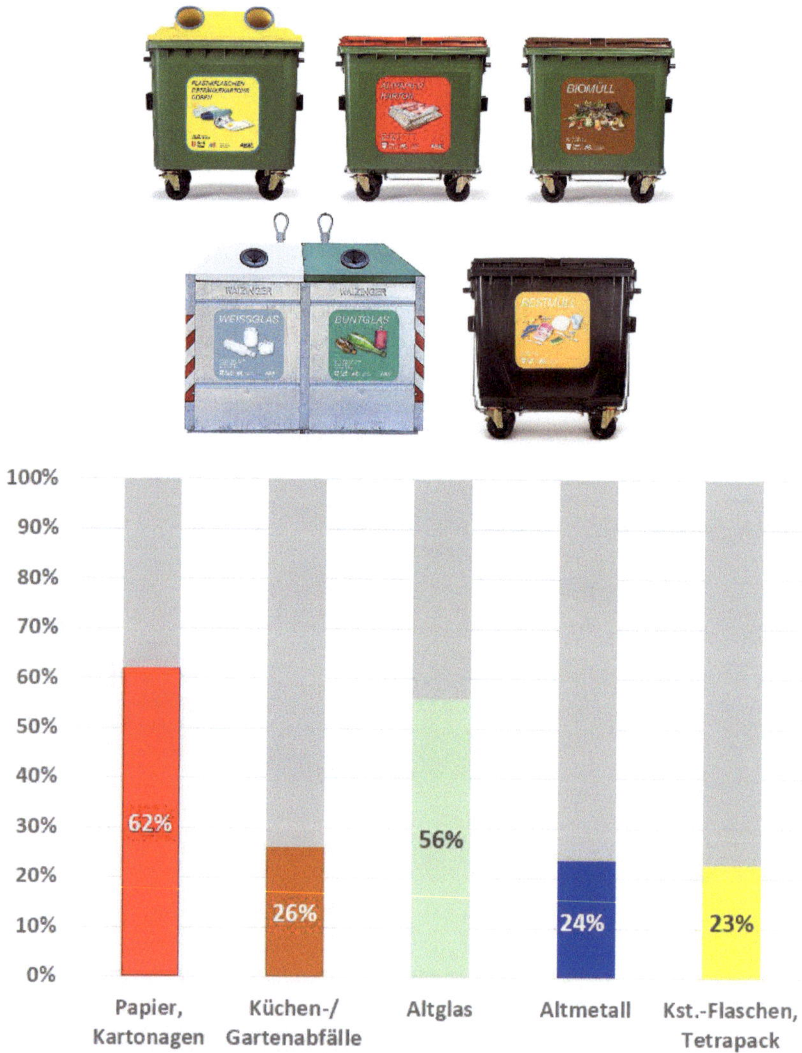

Der Erfassungsgrad von Altstoffen in Wien. Er gibt Aufschluss darüber, welcher Anteil an Wertstoffen bereits getrennt gesammelt wird und wieviel noch im Restmüll verbleibt [26]. (© MA 48)

114

Die Grenzen der getrennten Sammlung

Auch wenn die getrennte Sammlung schon viele Jahrzehnte etabliert ist, gibt es wohl weltweit keine Stadt und kein Land, wo 100 % der Altstoffe auch tatsächlich von der Bevölkerung getrennt gesammelt werden. Dies liegt allerdings nicht unbedingt an fehlendem Wissen oder einer mangelhaften Sammelinfrastruktur. Vielmehr spielt hier auch die Lebenseinstellung und das soziale Umfeld der Bevölkerung eine entscheidende Rolle sowie die Bevölkerungsdichte und Wohnsituation.

Sinus Millieus® - Die Lust zu trennen

Mit dem „Sinus Milieu®"-Modell [19] wird die Entwicklung der Lebenseinstellung und der sozialen Lage der Gesellschaft analysiert und die Gesellschaft in unterschiedliche Milieus (Beschreibung siehe Seite 117) eingeteilt. Diese Einteilung kann für unterschiedlichste Forschungszwecke und Marketingaktivitäten eingesetzt werden, um spezifische Zielgruppen zu erkennen und gezielt anzusprechen. Dieses Modell kann somit auch Aufschluss zum Trennverhalten in den unterschiedlichen Gesellschaftsschichten geben:

Im Rahmen der „ARA Recycling-Studie: Trennverhalten der Sinus-Milieus®" [20] wurden die jeweiligen Milieus nach deren Trennverhalten befragt: Demnach haben die *Konservativ-Etablierten* und *Traditionellen* sowie das etablierte Nachhaltigkeitsmilieu der *Postmateriellen* ein sehr hoch ausgeprägtes Trennverhalten.

Wohingegen bei den **Hedonist*innen** (momentbezogen, erlebnishungrig, spaßorientiert) und der **Adaptiv-Pragmatischen Mitte** (sicherheits-, harmoniebedürftig, starkes Bedürfnis nach Zugehörigkeit) die getrennte Sammlung den geringsten Zuspruch erfährt. Für Hedonist*innen ist es wichtig, Abfalltrennung als etwas Lustvolles zu inszenieren. Die Adaptiv Pragmatischen Mitte wird am ehestens auf eine emotionalen sowie mentalen Weise zur getrennten Sammlung motiviert.

Dies bedeutet, dass bei diesen beiden letztgenannten Gruppen im Vergleich zu den anderen Milieus ein ungleich höherer Einsatz – mit gänzlich unterschiedlichen Mitteln - nötig ist, um die Sammelmengen – auch nur geringfügig – zu steigern.

Es ist daher wichtig die Ressourcen zunächst dort einzusetzen, wo das höchste Potential zu finden ist und gleichzeitig die vielversprechendste Zielgruppe erreicht werden kann. Man erntet somit zuerst die „**low hanging fruits**".

Die prozentuelle Verteilung der verschiedenen Milieus innerhalb der Gesellschaft unterscheidet sich von Staat zu Staat und auch von Region zu Region. Diese Unterschiede in der Lebenseinstellung und der sozialen Lage gelten daher auch beim Vergleich von ländlichen mit städtischen Regionen:

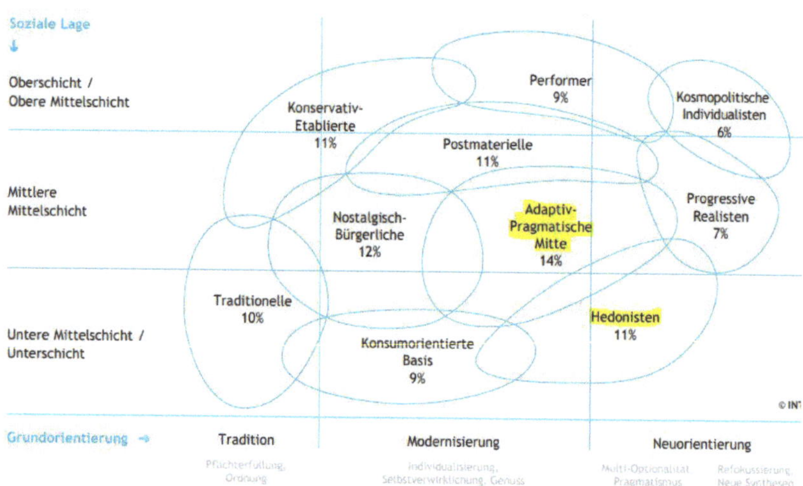

Prozentuelle Verteilung der sozialen Lage und Grundorientierung der österreichischen Bevölkerung im Jahr 2022. Für 25 % der österreichischen Bevölkerung spielt die getrennte Sammlung von Abfällen nur eine untergeordnete Rolle. (© Integral Marktforschung)

Leitmilieus	
Konservativ-Etablierte	Die alte strukturkonservative Elite
Postmaterielle	Die weltoffenen Kritiker*innen von Gesellschaft und Zeitgeist
Performer	Die global orientierte und fortschrittsoptimistische moderne Elite
Zukunftsmilieus	
Kosmopolitische Individualisten	Die individualistische Lifestyle-Avantgarde
Progressive Realisten	Die Treiber gesellschaftlicher Veränderungen
Die aktuelle und ehemalige Mitte	
Adaptiv-Pragmatische Mitte	Der flexible und nutzenorientierte Mainstream
Nostalgisch-Bürgerliche	Die systemkritische ehemalige Mitte
Milieus der unteren Mitte und Unterschicht	
Traditionelle	Die Sicherheit und Ordnung liebende ältere Generation
Konsumorientierte Basis	Die um Orientierung und Teilhabe bemühte Unterschicht
Hedonisten	Die momentbezogene, erlebnishungrige (untere) Mitte

Beschreibung der Sinus Milieus (© Sinus Milieu ®)

Bevölkerungsdichte und Wohnsituation

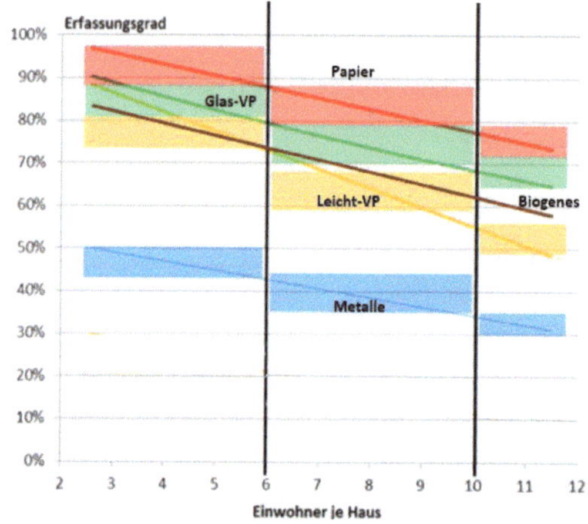

Je mehr Personen in einem Gebäude leben, umso geringer ist die Motivation zur Mülltrennung. (© TB Hauer)

Wien ist eine Großstadt und daher funktioniert auch die Abfallwirtschaft nach anderen Regeln als am Land. Sowohl nationale als auch internationale Studien belegen, dass mit der Zunahme der Bevölkerungsdichte der Anteil der getrennten Sammlung abnimmt. Zum Vergleich: Wien hat eine Bevölkerungsdichte von über 4.500 Einwohner*innen pro Quadratkilometer, das Burgenland lediglich 75. Die Anonymität in Kombination mit der Verteilung der jeweiligen Sinusmilieus spielt hier wohl auch eine entscheidende Rolle beim Mitwirken.

Rechtliche und politische Rahmenbedingungen

Die effiziente, nachhaltige Nutzung von Produkten ist mittlerweile auch ein wichtiger Schwerpunkt der Umweltpolitik. Es gibt eine Reihe von internationalen Zielen bzw. europaweiten und nationalen Vorgaben. Viele davon betreffen auch die Abfallwirtschaft. Das Wiener Regierungsprogramm „Die Fortschrittskoalition" und der Wiener Abfallwirtschaftsplan beinhalten ebenfalls ambitionierte Ziele für den Ressourcen- und Klimaschutz.

SDGs – Ziele für nachhaltige Entwicklung

2015 wurden von den Vereinten Nationen in der Agenda 2030 siebzehn Ziele für eine nachhaltige Entwicklung (Sustainable Development Goals, kurz SDGs) beschlossen. Die Ziele beinhalten im Wesentlichen eine nachhaltige, globale Entwicklung aller Lebensbereiche, wobei die Umwelt eine wesentliche Rolle spielt. So sollen unter anderem Armut und Hunger sowie Ungleichheiten bekämpft und weltweit zusammengearbeitet werden, um die Ziele auch umzusetzen. Diese beeinflussen sich gegenseitig: Weltfrieden kann beispielsweise nur dann erreicht werden, wenn Armut und Hunger beseitigt werden und eine intakte Umwelt die Lebensgrundlage bietet, gesund zu leben und niemand sein Land aus umwelt- oder wirtschaftlichen Gründen verlassen muss, um zu überleben. Auch die Kreislaufwirtschaft kann direkt oder indirekt einen maßgeblichen Beitrag leisten.

Die Abfallwirtschaft ist direkt mit den Zielen 12 (verantwortungsvoller Konsum und Produktion) und 14 (Klimaschutz) verwoben. In weiterer Folge auch mit allen anderen Umweltzielen (sauberes Wasser, Leben unter Wasser und am Land, gesundes Leben oder nachhaltige

Städte). Indirekt werden natürlich auch die restlichen Bereiche negativ oder positiv beeinflusst, je nachdem, wie gut die einzelnen Ziele umgesetzt werden. Das Schließen von Stoffkreisen, d.h. Zero Waste, kann zur Erreichung der SDGs beitragen: durch Abfallvermeidung, Produktdesign, Reparatur, Einsatz von Sekundärrohstoffen oder energetische Verwertung.

Die Ziele der Vereinten Nationen für eine nachhaltige Entwicklung in Kontext mit der Kreislaufwirtschaft und einer intakten Umwelt.
(© United Nations)

EU-Vorgaben

Green Deal & Kreislaufwirtschaftspaket

Die Umweltpolitik der Europäischen Kommission setzt im Rahmen der europäischen Kreislaufwirtschafts-Strategie in den letzten Jahren einen Schwerpunkt auf die effizientere Nutzung von und die Versorgungssicherheit mit Ressourcen. Produkte, Stoffe und Ressourcen sollen so lange wie möglich erhalten bleiben und möglichst wenig Abfall erzeugen. Die Produzent*innen bzw. die Wirtschaft werden vermehrt in die Pflicht genommen.

Es wurden ambitionierte Vorgaben hinsichtlich Abfallvermeidung, Produktdesign sowie verbindliche Sammel- bzw. Recyclingquoten oder der Einsatz von Sekundärrohstoffen festgelegt. Ab 2035 müssen etwa 65 % aller Abfälle aus Haushalten bzw. hausmüllähnliche Abfälle aus dem Gewerbe recycelt werden.

Aufgrund der besonderen ökologischen, wirtschaftlichen und sozialen Relevanz wurde auch ein gesonderter Schwerpunkt zur Vermeidung der Lebensmittelabfälle, Textilien und Elektrogeräte im Rahmen des Aktionsplans für die Kreislaufwirtschaft gesetzt.

Diese und weitere Vorgaben müssen in den nächsten Jahren von allen EU-Mitgliedstaaten erreicht werden – ansonsten fallen Strafzahlungen an.

Seitens des Bundes müssen die EU-Vorgaben in nationales Recht übergeführt werden. Welche konkreten gesetzlichen Maßnahmen von den einzelnen Mitgliedsstaaten ergriffen werden, um diese Vorgaben zu erreichen, ist jedem Land selbst überlassen.

Während die EU-Richtlinie den Mitgliedsstaaten einen gewissen Handlungsspielraum einräumt, gilt eine EU-Verordnung für jeden Mitgliedsstaat gleichermaßen und 1:1 als nationaler Rechtsakt.

Ab 2025 müssen Hersteller*innen von Smartphones und Tablets aufgrund der EU-Energieeffizienznovelle Angaben zur Reparierbarkeit machen. Dies erfolgt mittels Reparierbarkeits-Index, wobei eine Skala von A bis E angegeben werden muss. Kriterien hierfür sind u.a. die Anzahl an Schritten zum Aneinanderbauen, die Ersatzteilverfügbarkeit oder die Dauer der Verfügbarkeit von Software-Updates. Zusätzlich sollen bald auch die Batterieverordnung und die Verpackungsverordnung novelliert werden. Diese sollen ebenfalls ambitionierte Vorgaben zum Recycling und des Einsatzes von Sekundärrohstoffen enthalten.

Die europäischen Kreislaufwirtschafts-Strategie ist im Green Deal eingebettet. Der Fokus liegt hier in der Implementierung einer nachhaltigen Produktpolitik in Europa.

EU-weite Regelungen gegen Mikroplastik

Pro Jahr gelangen weltweit zumindest 8 Millionen Tonnen an Mikroplastik (Teilchen kleiner als 5 mm) in die Ozeane.

Bei 19 bis 31 % handelt es sich dabei um sogenanntes **primäres Mikroplastik**, welches direkt als kleine Kunststoffteilchen in die Weltmeere gelangt. Diese Partikel entstehen beispielsweise beim Waschen von synthetischen Textilien (35 %) oder dem Abrieb von Reifen (28 %). Aber auch Körperpflegeprodukte wie Zahnpasta mit Mikrogranulat tragen mit 2 % zum Eintrag von Mikroplastik bei. Den letzteren Produkten werden Mikroteilchen absichtlich zugesetzt. Der Eintragsweg erfolgt hier über Kläranlagen, da diese nicht für die Abscheidung von Mikroplastik ausgelegt sind [21].

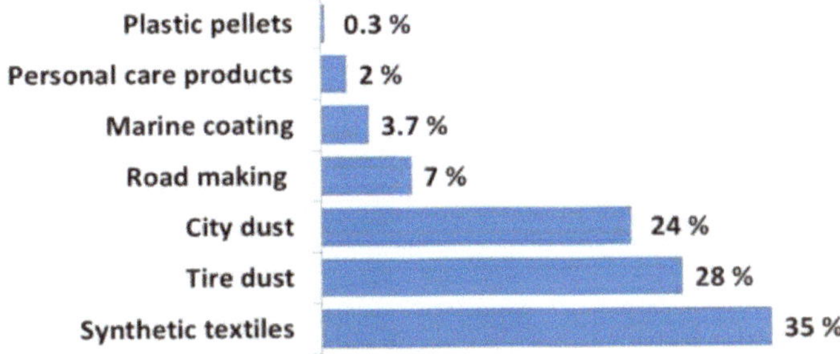

Beispiele für den Eintrag von primären Mikroplastik in unsere Umwelt. ([21] Factsheet der Europäischen Kommission "Microplastics: Focus on Food and Health, 2018"

Seit 17. Oktober 2023 gilt ein EU-weites Verbot für den Verkauf von Mikroperlen in Kosmetikprodukten, da beim Gebrauch Kunststoffpartikel freigesetzt werden. Schrittweise wird das Verbot auf weitere Produkte (z.B. Granulat für Sportflächen), denen bei der Herstellung bewusst Mikroplastik zugesetzt wurde, ausgeweitet. Durch diese Regelungen sollen künftig bis zu einer halben Million Tonnen Mikroplastik pro Jahr in der Umwelt vermieden werden.

69 bis 81 % (**sekundäres Mikroplastik**) werden bei Alterungs- und Zerfallsprozessen (etwa aufgrund von Sonneneinstrahlung oder Salzeinwirkung) von Kunststoffprodukten erzeugt. Diese gelangen mangels korrekt entsorgter Abfälle in Oberflächengewässer [21] .

Seevögel verwechseln Plastik mit natürlicher Nahrung, Delfine oder Schildkröten verfangen sich in alten Fischernetzen. Über die Nahrungskette – etwa durch Fische oder Muscheln – gelangt Mikroplastik schlussendlich auch in den menschlichen Körper.

Kurzlebige Einweg-Kunststoffprodukte, wie Wattestäbchen, Luftballonstäbe oder Trinkhalme, sind gemäß der EU-Richtlinie (Single Use Plastic Directive) seit 2021 verboten. Ein für uns wesentlicher Teil der EU-Richtlinie betrifft die Zielvorgabe von 90 % bei der Sammlung von Plastikflaschen ab 2029 sowie die Finanzierungsverantwortung der Hersteller*innen für die Entsorgung (etwa für die Aufwendungen der Straßenreinigung, Abfallbehandlung, Öffentlichkeitsarbeit gegen Littering etc.) dieser Abfälle.

Die Inverkehrbringung von Trinkhalmen und Wattestäbchen aus Einweg-Kunststoffen ist seit 2021 verboten. Restbestände können verkauft werden. (© Pixabay)

	bis 2025	bis 2029	bis 2030	bis 2035
EU-Vorgaben: Einweg-Kunststoff-Richtlinie				
Sammlung PET-Getränke-VP	77 %	90 %		
Rezyklatanteil PET-Ge-tränke-VP	25 %		30 %	
EU-Vorgaben: Kreislaufwirtschaftspaket				
Anteil Recycling				
Abfälle aus Haushalten	55 %		60 %	65 %
Verpackungen (VP)	65 %		70 %	
Kunststoff-VP	50 %		55 %	
Holz-VP	25 %		30 %	
Eisen-VP	70 %		80 %	
Aluminium-VP	50 %		60 %	
Glas-VP	70 %		75 %	
Papier-VP	75 %		85 %	
Beschränkung Deponierung auf < 10 % ab			2035	
Einführung getrennte Sammlung				
Gefährlichen Abfälle ab			2022	
Bioabfall ab			2023	
Textilien (Altkleidung , Haus- /Heimtextilien) **ab**			2025	

Die künftigen EU-Vorgaben für jeden EU-Mitgliedsstaat im Überblick: Die grau hinterlegten Vorgaben werden von Österreich bereits erfüllt.

Bundesebene

Internationale Vereinbarungen und die EU geben einen groben Fahrplan vor. Der Bund konkretisiert diesen mittels Gesetzen sowie Verordnungen. Zusätzlich werden konkrete Schwerpunkte und bundesweite Maßnahmen im Bundesabfallwirtschaftsplan und im Bundesabfallvermeidungsprogramm aufgezeigt. Mit den Plänen werden sowohl der Bund selbst als auch die Wirtschaft und die Länder in die Pflicht genommen, Maßnahmen zu ergreifen, um gemeinsam die Ziele zu erreichen.

Aufgrund der Vorgaben des EU-Kreislaufwirtschafts-Pakets und der EU-Einwegkunststoffrichtlinie war es notwendig, die österreichischen Gesetze anzupassen. 2021 wurden daher sowohl das österreichische Abfallwirtschaftsgesetz als auch die Verpackungsverordnung novelliert.

Die wichtigsten Neuerungen im Überblick:

- Verbindliches Mehrwegangebot für Getränkeverpackungen ab 2025.
- Pfand auf Getränkedosen und Getränkeflaschen aus Kunststoff ab 2025.
- Die gemeinsame Sammlung von Leichtverpackungen (Plastikflaschen, Getränkekartons, Joghurtbecher, Folien etc.) ab 2023.
- Verbot von bestimmten Einweg-Kunststoffprodukten, wie z.B. Trinkhalme (Herstellung und Import) ab Juli 2021.
- Mindestrezyklatanteil von 25 % bei PET-Getränkeflaschen ab 2025 bzw. von 30 % ab 2030.
- Ab 2030 dürfen nur mehr Kunststoffverpackungen in Verkehr gesetzt werden, die entweder wiederverwendet werden können oder recyclingfähig sind.

Ziele der Stadt Wien

Die Fortschrittskoalition für Wien 2020-2025

Das Wiener Regierungsprogramm im Überblick

- *Ver- und Entsorgungskette bleibt in den Händen Wiens.*
- *Die bestehenden Ökokauf-Kriterien werden hinsichtlich des Klimaschutzes, der Klimaanpassung und der Kreislaufwirtschaft bis Ende 2021 evaluiert und bei Bedarf ausgeweitet.*
- *Reduktion von Lebensmittelabfällen in Einrichtungen der Stadt Wien.*
- *Das Beratungsangebot für Gewerbebetriebe „OekoBusiness Wien" soll erweitert werden.*
- *Zur Erhöhung der Quoten der getrennten Sammlung werden Pilotprojekte durchgeführt.*
- *Der Bau von modernen Mistplätzen wird an geeigneten bzw. nötigen Standorten, wie Stadtentwicklungsgebieten, weitergeführt.*
- *Die Stadt Wien setzt sich für die rasche Einführung eines Pfandsystems auf Dosen und Einwegflaschen ein.*
- *Verwertung von Verbrennungsrückständen aus der Müllverbrennung.*
- *Altstoffsammelbehälter sollen verstärkt in Wohnbauten aufgestellt werden.*
- *Die Kapazität der Wiener Biogasanlage wird verdoppelt.*
- *Verwertung der Klärschlammasche zur Gewinnung von Phosphor zur Düngemittelproduktion.*
- *Klimaneutrale Energieversorgung.*

Wien konzipiert „Zero Waste" bis 2050 und verwertet im Idealfall 100 % der nicht vermeidbaren Abfälle.

Bürgermeister Michael Ludwig und NEOS-Chef Christoph Wiederkehr präsentieren die Koalitionsvereinbarung. (© David Bohmann)

Wiener Klimafahrplan

Die Maßnahmen aus dem Regierungsprogramm wurden sowohl in der Smart-City-Strategie Wien als auch im Wiener Klimafahrplan aufgenommen. Im März 2022 wurde der Wiener Klimafahrplan veröffentlicht. Damit setzt die Stadt Wien ihren bereits seit über 20 Jahren beschrittenen Weg fort. Die beiden **Kli**maschutz**p**rogramme (KliP I und KliP II) wurden kontinuierlich umgesetzt und weiterentwickelt. Diese finden im Wiener Klimafahrplan ihre Fortsetzung. Das erklärte Ziel Wiens ist, bis **2040 klimaneutral** zu sein. Er enthält über 100 Maßnahmen, die laufend ergänzt und angepasst werden. Die Themenblöcke Abfallwirtschaft und Energie umfassen u.a. die Dekarbonisierung der Wiener Abfallwirtschaft, die Rückgewinnung von Phosphor aus kommunalen Klärschlämmen, die Erfassung von Wertstoffen, welche als Fehlwürfe im Restmüll verbleiben etc.

Wiener Abfallvermeidungsprogramm und Abfallwirtschaftsplan

Das Wiener AWG sieht die Erstellung bzw. Fortschreibung des Wiener Abfallvermeidungsprogramms bzw. Abfallwirtschaftsplans zumindest alle sechs Jahre vor. Die beiden Pläne sind einer Strategischen Umweltprüfung zu unterziehen und werden von der Wiener Landesregierung beschlossen, haben daher einen verbindlichen Charakter.

Auch die Beteiligung der breiten Öffentlichkeit ist hierbei gesetzlich vorgeschrieben: Die Entwürfe müssen sechs Wochen aufgelegt und Stellungnahmen berücksichtigt werden. Während der Planungsperiode muss ein Monitoringbericht über den Status der empfohlenen Maßnahmen erstellt und veröffentlicht werden.

Die beiden Berichte sind die Grundlage für die abfallwirtschaftliche Planung der nächsten sechs Jahre.

Der derzeit aktuelle Wiener Abfallwirtschaftsplan bzw. das Wiener Abfallvermeidungsprogramm umfassen die Planungsperiode 2019 bis 2024. Im Frühjahr 2023 startete die Erstellung der nächsten Berichte für die Planungsperiode 2025-2030.

Zur Erstellung der Berichte wird auf das bereits seit über zwei Jahrzehnten bewährte **„Wiener Modell** der Strategischen Umweltprüfung – **Planen am Runden Tisch"** zurückgegriffen (siehe Seite 136). Wien nahm damit eine Pionierrolle für die Erstellung eines Gesamtstrategieplans für die Wiener Abfallwirtschaft ein.

Voneinander lernen und vernetzen

ISWA – International Solid Waste Association

Die ISWA ist eine gemeinnützige Vereinigung, die sich für die weltweite Weiterentwicklung der Abfallwirtschaft einsetzt. Sie hat über 1.100 Mitglieder und ist derzeit in 80 Ländern vertreten. Von der ISWA werden unter anderem Fachexkursionen organisiert, Arbeitsgruppen geleitet oder jährlich ein internationaler Kongress zu aktuellen Themen abgehalten.

Die MA 48 beteiligt sich aktiv bei der Planung und Durchführung von sogenannten „ISWA-Study Tours" bzw. bringt ihre Fachkenntnisse bei den Working Groups der ISWA zu unterschiedlichen Fachbereichen ein. Die MA 48 kann mit diesen Aktivitäten die Wiener Erfahrungen im Aufbau und in der Weiterentwicklung der Abfallwirtschaft einem internationalen Fachpublikum zur Verfügung stellen. Umgekehrt verhält es sich natürlich genauso.

Neben der internationalen Vereinigung gibt es in den jeweiligen teilnehmenden Ländern eine Länderorganisation.

2016 erhielten wir im Rahmen des internationalen ISWA Kongresses in Novi Sad (Serbien) den ISWA-Communication Award für das Kommunikationskonzept des 48er-Tandlers.

Preisverleihung in Novi Sad für die Öffentlichkeitsarbeit des 48er-Tandlers. (© ISWA)

Wien Haus in Brüssel

Die Vertretung Wiens auf europäischer Ebene wurde 1996 gegründet. Sie vertritt Wiens Interessen gegenüber europäischen Institutionen und forciert den Informationsaustausch.

Eurocities

Eurocities ist ein 1986 gegründetes Netzwerk, dem rund 130 europäische Großstädte angehören. Es widmet sich der Stärkung kommunaler Belange im EU-Kontext. In unterschiedlichen Foren werden aktuelle Themen diskutiert sowie Lösungen und Strategien aus Sicht der städtischen Verwaltung erarbeitet.

Municipal Waste Europe – MWE

Die MWE ist als kommunale Interessensvertretung auf europäischer Ebene im Bereich der Abfallwirtschaft tätig. Die MA 48 ist über den österreichischen Städtebund vertreten.

Großstädtetreffen

Dass die Organisation der Abfallwirtschaft und Straßenreinigung in einer Großstadt eine komplexe Aufgabe ist, zeigt sich an den täglich neuen Herausforderungen. Daher pflegt Wien bereits seit Anfang der 2000er-Jahre den Erfahrungsaustausch mit internationalen Großstädten, welche mit Wien vergleichbar sind. Die Teilnehmer*innen kommen dabei aus Berlin, Duisburg, Dortmund, Düsseldorf, Dresden, Köln, Frankfurt, Hamburg, Hannover, Leipzig, München, Stuttgart, Bern, Zürich, Budapest und Wien. Unter den Vertreter*innen besteht ein offener Dialog. Getroffene Maßnahmen oder Projekte werden mit all ihren Vorteilen oder Problemen kommuniziert. Alle dürfen voneinander abkupfern und von den gegenseitigen Erfahrungen lernen.

Beispielsweise eröffnet Hamburg 2025 eine Anlage zur Sortierung von Restabfällen. Aus deren Erfahrungen können wir profitieren. Das reicht von der Planung, dem Kommunikationskonzept bis hin zur Besichtigung der künftigen Anlage.

Im Bereich der Abfallvermeidung inspirieren uns u.a. die Hamburger und Berliner Secondhand-Märkte („Stilbruch" bzw. „Nochmall").

Umgekehrt wurde unser System gegen Littering bzw. die Einführung der WasteWatcher von einigen Städten übernommen.

Neben den regelmäßigen Treffen der Geschäftsführer*innen finden anlassbezogen auch Arbeitsgruppen zu Spezialthemen statt. In der Vergangenheit gab es beispielsweise Arbeitsgruppen zum Klimaschutz, zur Sammellogistik oder zum Winterdienst. Aktuell liegt der Schwerpunkt bei Zero Waste.

Kommunale Praktiker unterstützen kommunale Praktiker!

Im Frühjahr 2023 fand das Großstädtetreffen in Wien statt.
(© Wolfgang Moser)

VÖA – Vereinigung öffentlicher Abfallwirtschaftsbetriebe

Seit Ende 2020 hat die kommunale Abfallwirtschaft in Österreich mit der VÖA eine Interessensvertretung. Sie vertritt Unternehmen im öffentlichen Eigentum, die operativ und in der direkten Umsetzung abfallwirtschaftlicher Aufgaben tätig sind. Zu den Gründungsmitgliedern zählen neben der MA 48 unter anderem die Wien Energie GmbH, die Holding Graz Kommunale Dienstleistungen GmbH. Die Mitglieder repräsentieren 6.000 Arbeitsplätze, einen jährlichen Umsatz von 1 Milliarde Euro und bedienen mit ihren Leistungen österreichweit 5,7 Mio. Menschen. Das Leistungsspektrum umfasst von Abfallvermeidung, Bewusstseinsbildung, Sammlung, modernsten Aufbereitungs-, Sortier- und Kompostieranlagen bis hin zu thermischen Behandlungsanlagen zur Erzeugung von Energie „alles rund um Wertstoff, Problemstoff und Restmüll".

Reinhard Siebenhandl Präsident der VÖA und ehemaliger Mitarbeiter der MA 48. (© Christian Fürthner)

Die VÖA versteht sich sowohl in der Öffentlichkeit als auch auf Ebene der Verwaltung und Politik als Sprachrohr für die Anliegen ihrer Mitglieder und bringt sich aktiv in den Prozess der Gesetzgebung auf nationaler und europäischer Ebene ein.

Durch den Austausch werden aktuelle Herausforderungen an das moderne Ressourcenmanagement bewältigt und Kreislaufwirtschaft, Abfallvermeidung und Klimaschutz vorangetrieben.

Zusammenarbeit mit Forschungseinrichtungen

Wir – aber auch viele andere Dienststellen oder Unternehmungen der Stadt Wien wie die Stadt Wien – Umweltschutz, die Baudirektion, die

Marion Huber-Humer leitet das Institut Abfall- und Kreislaufwirtschaft an der BOKU. (© Whirlphoto)

Bereichsleitung für Klimaangelegenheiten oder die Wien Energie – initiieren bzw. beteiligen uns an vielen Forschungsprojekten. Wir arbeiten daher mit der Wissenschaft eng zusammen und profitieren gegenseitig von unserem Know-How. Hier sind vor allem die Universität für Bodenkultur (BOKU), die Technische Universität Wien (TU) sowie die Montanuniversität Leoben zu nennen. Die Themen dabei sind vielfältig. Sie reichen von der Vermeidung von Lebensmittelabfällen oder Baustellenabfällen über die Forcierung der getrennten Sammlung bis hin zur Weiterentwicklung von Sortiertechnologien oder der Wertstoffgewinnung.

Derzeit arbeiten wir sehr eng mit dem Christian Doppler Labor (CD-Labor) für Design und Bewertung einer effizienten, recyclingbasierten Kreislaufwirtschaft zusammen. Dies betrifft aktuell folgende Forschungsfelder:

- Materialflüsse von Verpackungsabfällen in Wien 2006-2020.
- Charakterisierung ausgesuchter Verpackungen im Restmüll und in der getrennten Sammlung.
- Charakterisierung und Recycling von Textilien.
- Automatisierte Sortierung von Restmüll.
- Recycling von Bett- und Rostaschen aus der Müllverbrennung.

Stadt Wien und Unternehmen der Stadt Wien

Ohne die engmaschige Zusammenarbeit innerhalb der Stadt Wien wäre die Wiener Abfallwirtschaft bei weitem nicht dort, wo sie heute steht. Hier einige Beispiele:

- Stadt Wien – Umweltschutz: Wiener Abfallvermeidungsprogramm und Wiener Abfallwirtschaftsplan (Wr. AWP&AVP) sowie im Bereich Abfallvermeidung oder Re-Use, Mistfest, …
- Stadt Wien – Klima, Forst- und Landwirtschaftsbetrieb: Klimaschutz bzw. Kompostforschung, -anwendung, …
    - Wiener Umweltanwaltschaft: Wr. AWP&AVP, …
- Stadt Wien - Wiener Parks: WasteWatcher, getrennte Sammlung, Reinigung, Mistfest, …
- Stadt Wien – Wiener Gewässer: Mistest, Kompostierung von Makrophyten, …
- Magistratsdirektion – Bauten und Technik: Abwicklung von Bauprojekten, Einsatz von Recyclingbaustoffen, Wr. AWP&AVP …

Natürlich sind wir auch bei den Umweltprogrammen der Stadt Wien wie ÖkoKauf Wien, dem ökologischen Beschaffungsprogramm der Stadt, dem Programm Umweltmanagement im Magistrat (PUMA) und dem Wiener Klimanetzwerk mit an Bord.

Im Bereich der Abfallbehandlung bzw. energetischen Verwertung von Abfällen ist uns die Wien Energie mit dem Betrieb der Müllverbrennungsanlagen und der strategischen Weiterentwicklung eine unerlässliche und verlässliche Partnerin.

 Mit unserer 100%igen Tochter, der Wiener Kommunal-Umweltschutzprojektgesellschaft mbH (WKU), werden Wiener Abfallbehandlungsanlagen (wie z.B. MVA Pfaffenau, Abfalllogistikzentrum, Biogas Wien, Mistplätze, Unterkünfte, Standort Rinter, …) geplant und errichtet. www.wku.at

Von der Vision zur Umsetzung: Planen am runden Tisch

Wir setzen in Wien bereits seit mehr als 20 Jahren auf strukturierte Programme und Pläne zur Gesamtbetrachtung der strategischen Ausrichtung der Wiener Abfallwirtschaft mit konkreten Zielen und Umsetzungsschritten: Eine der Zauberformeln für die Erarbeitung künftiger abfallwirtschaftlicher Maßnahmen heißt „Planen am Runden Tisch". Dieses Planungs-Tool wird in Wien seit Jahren für die Erstellung der Wiener Abfallvermeidungsprogramme und der Wiener Abfallwirtschaftspläne verwendet.

Die Zukunft der Wiener Abfallwirtschaft wird dabei nicht von der MA 48 alleine am Reißbrett entworfen, sondern gemeinsam mit der Stadtverwaltung, NGOs, Fachexpert*innen und weiteren relevanten Stakeholder*innen erarbeitet. Das geschieht auf Augenhöhe, die Meinung jeder Institution zählt gleich viel.

Wien führte bereits 1999/2001 eine **Strategische Umweltprüfung (SUP)** mit dem **Tool „Planen am runden Tisch"** zur Erstellung des Wiener Abfallwirtschaftsplans durch, obwohl eine SUP damals noch nicht verpflichtend war. So entstand bereits 2002 ein umfassender Plan, der massiv auf Abfallvermeidung setzte und gleichzeitig auch die Errichtung einer 3. Müllverbrennungsanlage auf Wiener Stadtgebiet sowie einer Biogasanlage empfahl. Es ging also nicht um Positionen („entweder Abfallvermeidung oder Müllverbrennung"), sondern um zukunftsfähige Gesamtlösungen, basierend auf validen Daten und moderierten Diskussionsprozessen.

Im „**SUP-Team**" (die interdisziplinären Teilnehmer*innen am SUP-Prozess) werden der Status quo der Abfallwirtschaft dargestellt, Prognosen über die künftige Entwicklung erstellt sowie Ziele und mögliche Maßnahmen formuliert, um fit für die Zukunft zu sein. Zur Bewältigung besonders großer Herausforderungen werden verschiedene Alternativen zur Problemlösung nach ökologischen, sozialen und wirtschaftlichen Aspekten bewertet. Nur jene Alternativen werden als Maßnahme ausgewählt, welche nach Evaluierung aller positiven und negativen Auswirkungen am besten abschneiden. Mit dieser Herangehensweise wird sichergestellt, dass viele unterschiedliche Aspekte bei der Ausgestaltung der künftigen Abfallwirtschaft betrachtet und von den Teilnehmer*innen gemeinsam getragen werden. Durch die transparente Problemdarstellung und Herleitung von Lösungen werden künftige Vorhaben bereits bei der Grobplanung von einer breiten Basis getragen und akzeptiert.

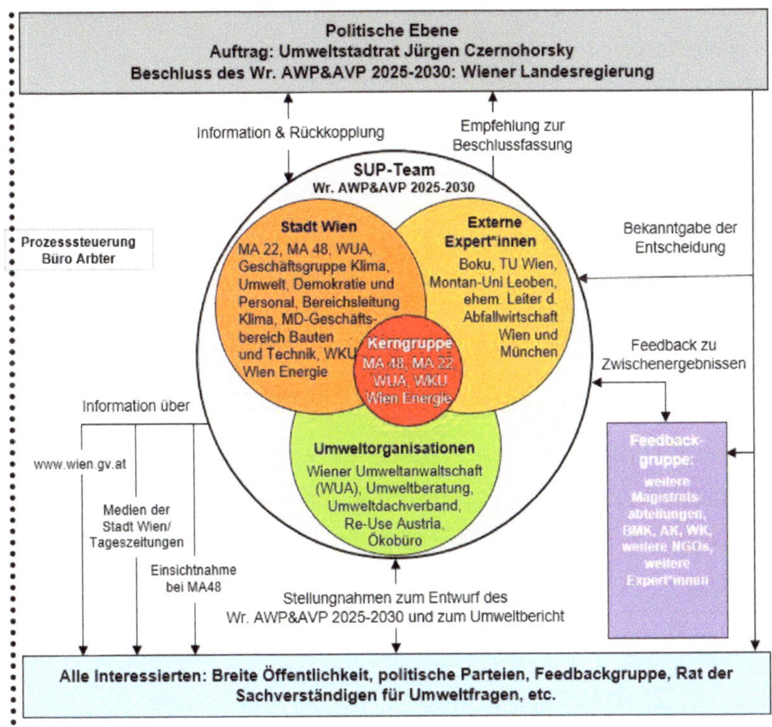

Beteiligte Gruppen und deren Aufgaben beim SUP-Prozess 2023. (© Kerstin Arbter)

Unsere 48 Schritte zu Zero Waste

Bis spätestens 2050 wollen wir nichts mehr deponieren. Abfälle aus Wiener Haushalten sollen zur Gänze in den Kreislauf eingebracht und damit nicht mehr ungenutzt entsorgt werden. Jeder Abfall, der trotz Vermeidungsmaßnahmen anfällt, wird zu 100 % verwertet.

Wir versorgen die Industrie mit Sekundär-Rohstoffen und Energie für die Herstellung neuer Produkte.

Dies schützt die Umwelt, Ressourcen und das Klima und damit profitieren wir alle – sowohl kurzfristig als auch langfristig.

Durch eine konsequentere Abfalltrennung, durch den Einsatz verbesserter Technologien und durch innovative Ideen wollen wir noch mehr Wertstoffe aus dem Restmüll herausholen.

Ziele sind schön und gut. Was es jedoch braucht, sind konkrete, realistische Projekte. Die Zusammenarbeit mit Wissenschaft und Forschung, verlässliche Partner*innen, eigenes Know-how, Versuche im Kleinen und der Mut für Innovationen sind wichtige Voraussetzungen, damit Maßnahmen von der bloßen Idee zur erfolgversprechenden Umsetzung gelangen.

Unter diesen Prämissen haben sowohl wir selbst, als auch weitere Dienststellen der Stadt sowie unsere Partner*innen, wie der Wien Energie, zukunftsweisende Projekte entwickelt, die auch realistisch zu erreichen scheinen. Zusätzlich werden Ideen aufgezeigt, wo andere Player wie die EU mithilfe gesetzlicher Regelungen unterstützen könnten.

Spätestens 2050 wollen wir unsere Mission erfüllt haben:

**Zero Waste bzw. „Nichts verschwenden"
und alles im Kreislauf führen.**

48 Schritte im Überblick

© Christian Houdek

Abfallvermeidung

1.	Abfallberatung.
2.	Öffentlichkeitsarbeit.
3.	Reparaturnetzwerk.
4.	ZeroWasteMap.
5.	Multiplikator*innen einsetzen.
6.	Beratung von Betrieben.
7.	Mehrweggeschirr für Take-away und Lieferdienste.
8.	Vernichtungsverbot von Retourwaren.
9.	Finanzielle Anreize schaffen.
10.	Hersteller-und Produzentenverantwortung.
11.	Anpassung der Lehrpläne.
12.	Weiterentwicklung ÖkoKauf.
13.	Das papierlose Büro im Magistrat.
14.	Dienstautos reduzieren.
15.	Reparaturen innerhalb der MA 48.
16.	Tipps für jede*n Einzelne*n kommunizieren.

Vorbereitung zur Wiederverwendung

17.	Schöne Sachen weitergeben.
18.	Exklusiv sein mit Secondhand.
19.	Ausbau Secondhand-Angebot.
20.	Optimierung Altwarensortierung.
21.	Optimierung Textilsammlung und Verwertung.

Recycling und getrennte Sammlung

Sonstige Verwertung

Beseitigung

Abfallvermeidung

Unsere Vision: Die Abfallwirtschaft ist Teil der funktionierenden Kreislaufwirtschaft. Alle maßgeblichen Player arbeiten zusammen, um das gemeinsame Ziel zu erreichen.

In der zukünftigen Welt sind Produkte nach ökologischen Gesichtspunkten gestaltet:

- Verwendung von schadstofffreien Materialien.
- Minimierung des Materialeinsatzes.
- Einsatz von Sekundärrohstoffen.
- Langlebigkeit.
- Langfristige Verfügbarkeit von Ersatzteilen.
- Reparierfähigkeit.
- Recyclingfähigkeit.

Neue Wirtschaftsmodelle etablieren sich:

- Mieten statt kaufen wie z.B. Carsharing oder Elektrogeräte.
- Die gemeinschaftliche Nutzung von Produkten, wie z.B. Werkzeuge in Wohnbauten.

Konsument*innen passen ihr Kauf- bzw. Nutzungsverhalten an:

- Tauschen statt kaufen.
- Qualität statt Quantität.
- Mehrweg statt Einweg.
- Immaterieller Konsum.

Um Abfallvermeidung zu forcieren bzw. auf eine breite Basis zu stellen, wird es aber auch künftig legislativer Maßnahmen bedürfen. Diese sind neben wirtschaftlichen Aspekten leider noch immer die besten Anreizsysteme.

1. Abfallberatung

Auch in der Zukunft werden bewusstseinsbildende Maßnahmen nötig sein, um die Bevölkerung zu ökologischem Verhalten zu motivieren und zu diesem Thema zu informieren. Einen wichtigen Part übernehmen dabei unsere Abfallberater*innen. Die Abfallberatung wird weiterhin für alle Zielgruppen maßgeschneiderte Programme anbieten. Die dafür verwendeten Werkzeuge bzw. Kommunikationswege müssen dabei laufend – dem Zeitgeist und den jeweiligen Herausforderungen entsprechend – angepasst werden.

2. Öffentlichkeitsarbeit

Während die Abfallberatung eher Einzelpersonen oder Einzelgruppen im direkten Kontakt anspricht, können Informationen und Handlungsanleitungen in Form von Kampagnen niederschwellig und rasch an die breite Öffentlichkeit transportiert werden. Die Kommunen und somit auch die Stadt Wien spielen hier eine wichtige Rolle, auch wenn die finanziellen Möglichkeiten im Vergleich zum Handel oder zu Produzent*innen stark eingeschränkt sind.

3. Reparaturnetzwerk

Das Reparaturnetzwerk wird auch künftig ausgebaut und weiterentwickelt werden, um den hohen Stellenwert des Dienstleistungssektor Reparatur weiterhin Rechnung zu tragen. Dazu trägt auch der **Wiener Reparaturbon** bei, der im Herbst 2023 neu aufgelegt wurde (siehe Seite 70). Das Fördervolumen beträgt diesmal 1,2 Millionen Euro, die Förderperiode läuft bis 2027. Damit kann ein breites Spektrum an Reparaturdienstleistungen in Anspruch genommen werden, welche über die Betriebe des Reparaturnetzwerkes angeboten werden.

4. ZeroWasteMap

In Wien gibt es eine Fülle an abfallarmen Geschäften und Initiativen, die für Bürger*innen noch nicht zentral abrufbar sind.

Mit einer Webseite oder einer App könnten sowohl Stadt Wien Aktivitäten als auch externe Initiativen mit dem Ziel der Abfallvermeidung auf einer umfassenden Plattform sichtbarer und bekannter gemacht werden. Die Applikation sollte ebenfalls dazu genutzt werden, um Veranstaltungen und verfügbare Workshops zu bewerben. Eine Umsetzung könnte in Zusammenarbeit mit der Stadt Wien – Umweltschutz, der Stadt Wien – Kommunikation und Medien, der 48er und externer Initiativen/Betrieben erfolgen.

Mögliche Kategorien der 48er-ZeroWasteMap:

- Neu kaufen (z.B. verpackungsfrei einkaufen, „Natürlich gut Essen").
- Gebraucht kaufen, tauschen, leihen (z.B. Re-Use-Shops, Leihläden, Bücherei der Dinge, Tauschbörsen).
- Unterwegs (z.B. Coffee to go Mehrwegbecherstationen, Mehrweg-Take-away-Geschirr, Trinkwasserbrunnen).
- Reparieren (Repair Cafés, Reparaturnetzwerkbetriebe, Fahrrad-Checks).
- ÖkoEvents.

5. Multiplikator*innen einsetzen

Viele Personen engagieren sich für Abfallvermeidung und die getrennte Sammlung. Wir wollen dieses Potential nutzen, um die Bevölkerung noch besser zu erreichen. Aus diesem Grund haben wir vor, Freiwillige im Bereich der Abfallwirtschaft über unsere Profis der Abfallberatung zu schulen. So kann aus erster Hand fundiertes Wissen an Freund*innen, Nachbar*innen und Bekannte weitergegeben werden.

6. Beratung von Betrieben

OekoBusiness Wien, United Against Waste oder ÖkoEvent machen es vor: Durch die Evaluierung bzw. Optimierung der Abfallströme können auch Betriebe viel Geld sparen. Die Beratungsprogramme für Veranstalter*innen, Betriebe und Großküchen sollen daher weitergeführt bzw. ausgebaut werden.

7. Mehrweggeschirr für Take-away und Lieferdienste

In den letzten Jahren stieg der Trend zur Außer-Haus-Verpflegung und Lieferdienste für Essen stetig an. Durch Einwegverpackungen wachsen jedoch die Müllberge – zu Hause und am Arbeitsplatz. Dieser Bereich ist daher prädestiniert dazu, Abfallvermeidungsmaßnahmen zu setzen. Mittlerweile gibt es immer mehr Anbieter*innen, welche Mehrweggeschirr vermieten. Allerdings werden diese oft nur im kleinen Rahmen von Gastronomiebetrieben genutzt. Das Geschirr kann dann nur im gleichen oder in benachbarten, befreundeten Restaurants retourniert werden. Diese Insellösungen machen das Angebot impraktikabel und daher unattraktiv. Die Herausforderungen dabei sind die derzeit noch geringe Beteiligung von Betrieben und auch die unterschiedlichen Anforderungen an die Verpackungen: etwa die Form, die Hitzebeständigkeit und der Auslaufschutz.

Doch je mehr Gastronomiebetriebe dieses Service anbieten, umso leichter wird das Handling von Mehrweg-Take-away-Verpackungen. Die Stadt Wien – Umweltschutz vernetzt daher die agierenden Stakeholder*innen, um auch für die Betriebe künftig praktikable Angebote zu schaffen. Eine weitere Möglichkeit, das Angebot an Mehrwegverpackungen im Take-away auszuweiten, zeigt das Beispiel Deutschland: Seit 2023 müssen Cafés, Bistros und Restaurants neben Einweg- auch Mehrwegverpackungen verpflichtend anbieten.

8. Vernichtungsverbot von Retourwaren

Diverse Lockdowns während der Pandemie haben dem Trend zum Onlinehandel einen weiteren Schub verliehen. Es wird den Konsument*innen allzu einfach gemacht, Waren auf Verdacht zu kaufen, die sie dann kostenlos bei Nichtgefallen wieder retournieren können. Nach Angaben des Europäischen Umweltbüros (EEA) ist die Vernichtung von zurückgegebenen oder unverkauften Textilien schätzungsweise für bis zu 5,6 Millionen Tonnen CO_2-Äquivalenten an Treibhausgasemissionen in Europa verantwortlich [22]. Dies wäre auch nicht weiter verwunderlich, da die Entsorgung von Billigware oft günstiger ist als die Manipulation, Kontrolle, Reinigung und Weitergabe der Waren. In Deutschland gibt es bereits ein vom Parlament beschlossenes Gesetz wonach die Vernichtung von retournierter Neuware verboten ist. Eine entsprechende Detailregelung über die sicherlich komplexe Ausgestaltung ist noch ausständig. Auch in Österreich wird über ein Vernichtungsverbot diskutiert.

Anstelle eines Vernichtungsverbots könnte aber vielleicht schon ein Verbot des „kostenlosen" Rückversands Abhilfe schaffen. Konsument*innen wären damit motivierter, nur das zu bestellen, was sie auch wirklich behalten wollen. Beispielsweise ein und dasselbe Kleidungsstück nicht in drei Größen zu bestellen.

9. Finanzielle Anreize schaffen

Eine ökologische Lebensweise hängt oft von den finanziellen Möglichkeiten der Menschen ab. Monetäre Anreize stellen einen motivierenden Faktor dar. Anreizsysteme können in Form von Förderungen oder steuerlichen Erleichterungen weitergeführt bzw. geschaffen werden. Ein Beispiel hierfür ist der Wiener Reparaturbon. Aber auch steuerliche Anreize durch den Bund wie die Reduktion der Umsatzsteuer bei umweltfreundlichen Dienstleistungen wäre eine solche

Möglichkeit. Wichtig ist allerdings, dass derartige Steuererleichterungen auch dort ankommen, wofür sie gedacht sind – in dem Fall bei der Bevölkerung und nicht beim Handel, indem dieser die Nettopreise zeitgleich mit der Reduktion der Umsatzsteuer anhebt.

10. Hersteller- und Produzentenverantwortung forcieren

Im Bereich der Verpackungen und der Elektrogeräte tragen Produzent*innen und Hersteller*innen seit 1993 bzw. 2005 die Verantwortung für die Sammlung und Behandlung ihrer zum Abfall gewordenen Produkte. Die finanzielle Beteiligung an abfallvermeidenden Maßnahmen oder der begleitenden Öffentlichkeitsarbeit ist derzeit allerdings noch Nebensache und sehr schwach ausgeprägt. So finanzierten Produzent*innen 2022 rd. 6 Cent pro Einwohner*in für Maßnahmen der Öffentlichkeitsarbeit für die richtige Entsorgung von Elektroaltgeräten. Dieser Betrag ist zum Großteil zweckgebunden, über einen Teil kann frei verfügt werden – so auch für bewusstseinsbildende Maßnahmen im Bereich der Abfallvermeidung.

Dies ist wichtig und gut, allerdings nur ein Tropfen auf den heißen Stein. In Anbetracht der exorbitant großen Werbeetats der Handelsketten mit Slogans, wie „Geiz ist geil", ist der Betrag verschwindend gering. Die Aufforderung zum Kauf ist damit im klaren Vorteil zu „Mach weniger Mist". Dieses Ungleichgewicht müsste aufgebrochen werden: Die Hersteller*innen müssen seitens der EU vermehrt in die Pflicht genommen werden.

Dies betrifft sowohl den zu leistenden finanziellen Beitrag als auch die Ausweitung auf andere Abfallströme. Im Bereich von Textilien und Littering gibt es bereits Initiativen auf EU-Ebene, die es nun zu unterstützen bzw. zu forcieren gilt.

11. Anpassung der Lehrpläne

Neben Mathematik, Sprachen oder Naturwissenschaften muss auch Kreislaufwirtschaft bzw. Abfallvermeidung als fixer Bestandteil in den Lehrplänen aufgenommen werden. Eine entsprechende Ausbildung ist der Schlüssel dazu, Abfallvermeidung im Rahmen der künftigen beruflichen Tätigkeit anzuwenden. Egal ob in der Gastronomie, dem Handel, der Modebranche oder im Bauwesen.

12. Weiterentwicklung ÖkoKauf

ÖkoKauf Wien ist das ökologische und nachhaltige Beschaffungsprogramm der Stadt Wien. Seit 1998 werden im Magistrat Produkte möglichst umweltfreundlich eingekauft und verwendet – von Textilien über Bio-Lebensmittel, Waschmittel, Desinfektionsmittel, Büromaterial und Möbel bis hin zu Baumaterialien. Die wichtigsten Kriterien dabei sind: Schonung der Ressourcen, ökologische Produktion, Energieeffizienz, Reparaturfähigkeit, Vermeidung von Emissionen sowie gefährlicher und toxischer Materialien.

Aufgrund des großen Einkaufsvolumens der Stadt Wien kann der Markt bewegt werden.

Die Stärkung der regionalen Kreisläufe und einer nachhaltigen Ökonomie steht besonders im Fokus. Künftig wird das ökologische Beschaffungsprogramm zu **ÖkoKauf plus** weiterentwickelt. Dabei wird der Kreislaufwirtschaft ein noch größerer Stellenwert eingeräumt. Es geht also künftig nicht mehr nur um die Beschaffung von Produkten und Dienstleistungen nach ökologischen Kriterien. Ökokauf plus, wird – der Abfallhierarchie entsprechend – bereits bei REFUSE und REDUCE (wieviel brauchen wir davon, müssen wir alles selbst kaufen, kann man innerhalb des Magistrats Geräte tauschen, gemeinsam nutzen, …?) beginnen. Langlebigkeit, Reparaturfähigkeit und Weiternutzbarkeit werden eine noch größere Rolle als bisher spielen. Beispielsweise werden die „ÖkoKauf Wien"-Kriterien auf Bauteile und Baumaterialien erweitert.

## 13.	Das papierlose Büro im Magistrat

Der ELAK (Elektronischer Akt) ermöglicht die voll elektronische Aktenverwaltung, Archivierung und die magistratsübergreifende Zusammenarbeit. Die elektronische Aktenführung beinhaltet dabei die gesamte Verfahrensabwicklung, von der Einleitung bis zur Erledigung, auf elektronischem Weg. Durch diese Digitalisierung werden Unmengen an Papierabfällen vermieden – Ausdrucke gehören daher in weiten Bereichen der Vergangenheit an. Dieses Programm wird auch künftig weiterentwickelt und ausgebaut.

## 14.	Dienstautos reduzieren

Bis vor ein paar Jahren verfügte die MA 48 über einen Fuhrpark von rd. 1.300 Fahrzeugen. Durch konsequente Optimierungsmaßnahmen (z.B. Vergrößerung des Volumens von Mulden auf Mistplätzen, Anpassung der Winterdienstroutenpläne, Reduktion von Reservefahrzeugen durch Beschleunigung von Reparaturen, Anpassung der Tourenpläne bei der Müllabfuhr, Forcierung von Poolautos, Ausbau von Dienstfahrrädern) konnte der Fahrzeugbestand mittlerweile auf rund 1.000 Stück reduziert werden.

Dort, wo möglich und sinnvoll, wird auch in Zukunft eine weitere Reduktion der 48er-Fahrzeugflotte angestrebt. Hierfür wird die Auslastung oder mögliche Verbesserungen bei sonstigen innerbetrieblichen Abläufen, welche einen direkten oder indirekten Einfluss auf die Fahrzeugflotte haben, laufend evaluiert. Zusätzlich kommen alternative Antriebe vermehrt zum Einsatz.

15.   Reparaturen innerhalb der MA 48

Zeitgerechte und professionelle Wartungen und Reparaturen verlängern die Lebensdauer von unseren Fahrzeugen. Das Technik Center der MA 48 verfügt hierfür über hochqualifizierte Mitarbeiter*innen, die laufend geschult werden. Durch die Ausbildung von Kfz-Lehrlingen wird für das Fachpersonal der Zukunft gesorgt.

Gerade während der Lockdowns in der Corona-Krise war die eigene Werkstätte für die Sicherstellung der Entsorgung essentiell.

16.   Tipps für jede*n Einzelne*n kommunizieren

Einkauf langlebiger Produkte

Qualität vor Quantität. Vermeintliche Schnäppchen können sich oft als teure Investitionen entpuppen, wenn das Produkt bereits nach einer kurzen Nutzungsdauer aufgrund der schlechten Verarbeitung im Müll landet. Fast Fashion war gestern, Ultra Fast Fashion ist heute. Das neue unrühmliche Modewort steht für die exponentielle Zunahme der Wegwerfmentalität im Textilbereich. Noch mehr produzieren, noch billigerer kaufen, noch schneller in den Müll.

Lieber etwas tiefer in die Geldtasche greifen, dafür aber länger etwas davon haben, also besser keine Wegwerfprodukte kaufen und damit Abfall vermeiden. Am Ende des Tages ist es oft sogar billiger, da Gegenstände höherer Qualität länger halten und man dadurch weniger benötigt.

Hochwertige Schnäppchen in Secondhand-Shops oder bei Kleidertauschpartys im Freund*innenkreis zu finden, macht zusätzlich Freude und schont die Geldbörse.

Auf Reparaturfreundlichkeit achten

Beim Einkauf von Elektrogeräten sollte man darauf achten, ob die Geräte auch repariert werden können: Es sollte keine fixen Verbindungen wie Schweißnähte geben und Ersatzteile sollten längerfristig verfügbar sein. Das Wiener Reparaturnetzwerk unterstützt bei der Suche nach geeigneten Betrieben, die auf derartige Reparaturen spezialisiert sind und über die notwendigen Ersatzteile verfügen.

Reparaturfreundliche Produkte kann man selbst reparieren oder von Profis reparieren lassen. (© Pixabay)

Auf Lockangebote verzichten

Oft fallen Konsument*innen auf Aktionen wie „Kauf 3 zahl 1" oder dergleichen rein und es wird schlussendlich mehr Geld weggeworfen, als eingespart werden sollte.

Mindesthaltbarkeitsdatum ist KEIN Verfallsdatum

Mit Ausnahme von einigen Lebensmitteln, wie Obst, Gemüse und Fleisch, verfügen die meisten Lebensmittel über eine lange Haltbarkeit, werden jedoch trotzdem mit einem Mindesthaltbarkeitsdatum (MHD) verkauft. Dieses sagt nichts über die tatsächliche Haltbarkeit aus, sondern gibt nur eine Garantie ab, bis wann Geruch, Geschmack, Textur etc. **jedenfalls** beibehalten werden. Das MHD bei Lebensmitteln ist also ähnlich wie die Garantie auf ein Elektrogerät: Ist diese abgelaufen, werden Fernseher und Co noch lange nicht weggeworfen. Daher immer auf die eigenen Sinne achten: schauen, riechen und schmecken. Joghurt, Topfen etc. halten in der verschlossenen Originalverpackung viel länger, als angenommen, ganz zu schweigen von Nudeln oder Reis. Die Information über die Bedeutung des Mindesthaltbarkeitsdatums muss wie ein Mantra immer wieder rezitiert werden.

Bei leicht verderblichen Produkten wie Fleisch oder Fisch gibt es hingegen das Verbrauchsdatum („zu verbrauchen bis…"), das – anders als das Mindesthaltbarkeitsdatum – angibt, ab wann der Verzehr eines bestimmten Produktes bedenklich ist.

Auf Umweltsiegel achten

Biozertifikate oder beispielsweise das österreichische Umweltzeichen geben Garantien für das Einhalten von Umweltkriterien. Diese Umweltsiegel werden regelmäßig überprüft. Damit können Konsument*innen schon beim Einkauf darauf achten, ob beispielsweise mit natürlichem Kompost anstelle mineralischem Dünger gearbeitet wurde.

Regionale Lebensmittel einkaufen

Kurze Wege führen auch zur Reduktion von Lebensmittelabfällen entlang der Transportwege – beispielsweise durch mechanische Beanspruchung bei der Manipulation oder langer Steh-/Verladezeiten und Unterbrechung von Kühlketten. Die Stadt Wien und ihre Unternehmungen gehen hier mit gutem Beispiel voran und setzen bei Betriebsküchen oder in Krankenhäusern vermehrt auf regionale Produkte.

Lokal statt online einkaufen

Einkäufe im näheren Umfeld schaffen regionale Arbeitsplätze, lokale Wertschöpfung, reduzieren Transportwege und damit Verkehrsemissionen sowie jede Menge an Verpackungsabfällen. Die Abwicklung von Garantieansprüchen und Reparaturen werden ebenfalls erleichtert. Die beiden Filialen des 48er-Tandlers bieten ein lokales Shoppingerlebnis. Auch der Kompost und die torffreie Erde „Guter Grund" sind Beispiele für regional hergestellte Produkte.

Immateriellen Konsum forcieren

Abfallvermeidung darf nicht mit allzu großer Einschränkung der Lebensqualität einhergehen. Das Lebensglück muss vielmehr vom materiellen Konsum zum immateriellen Konsum umgeleitet werden. Je nach Geschmack können das Theater-/Restaurantbesuche, Wanderungen und sonstige Aktivitäten sein, die keinen bzw. wenig Müll verursachen.

Theaterbesuche, Konzerte, Wanderungen oder Massagen sind gute Alternativen zum Einkaufsrausch. (© Pixabay)

48 Tipps für jede*n Einzelne*n

Neu Denken – Tut nicht weh!

1. Was brauche ich wirklich? Falls ja, kann ich dies auch zeitweise mieten?

Lebensmittelabfälle vermeiden

2. Mit Plan und Einkaufsliste einkaufen.
3. Immer satt einkaufen gehen.
4. Lieber öfter einkaufen gehen, als einen Großeinkauf machen.
5. Auch Obst und Gemüse mit kleinen Schönheitsfehlern essen.
6. Verunreinigungen von Joghurt, Marmelade und Co vermeiden.
7. Ältere Lebensmittel im Kühlschrank nach vorne hinstellen.
8. Lebensmittel haltbar machen: z.B. Einfrieren
9. Weiterverarbeitung zu Säften, Marmeladen etc.
10. Essen weitergeben statt wegwerfen.
11. Restlkochen – kreativ beim Kochen sein.
12. Nicht verspeiste Gerichte vom Lokal mitgeben lassen.
13. Kleine Verpackungsgrößen sind ok, falls man nur wenig braucht.

Lebensdauer verlängern

14. Nicht mehr benötigte Gegenstände weiterschenken.
15. Sorgsam mit den eigenen Sachen umgehen.
16. Wenn etwas kaputtgeht, prüfen, ob eine Reparatur möglich ist.
17. Wenn die Kleidung zu groß oder zu klein ist, umschneidern!

Verpackungen vermeiden

18. Beim Einkaufen auf Mehrweg-Verpackung achten.
19. Mehrwegboxen für Einkäufe bei der Frischetheke mitnehmen.
20. Bei Essenslieferungen auf Mehrwegverpackungen achten.
21. Bei Essensabholungen eigene Mehrweg-Boxen mitnehmen.

22. Beim Einkaufen auf Mogelpackungen achten.

23. Stoffbeutel für alle Fälle für einen Spontaneinkauf einpacken.

24. Zu großen Getränkeflaschen greifen, als viele kleine kaufen.

25. Leitungswasser trinken, statt stilles Wasser teuer kaufen.

26. Coffee to go mit eigenem Becher oder Pfandbecher.

27. In Unverpackt-Läden einkaufen.

28. Haushaltsprodukte in Refill-Verpackungen kaufen.

29. Naturseife statt Duschgel mit Verpackung.

30. Lieber Filterkaffee oder Espresso vom Herd anstelle Kapseln.

31. Lebensmittel in wiederverwendbaren Schüsseln lagern.

Sonstiges vermeiden

32. Werbegeschenke links liegen lassen.

33. Qualität statt Quantität.

34. Nicht jeden Trend mitmachen (Fast Fashion, neueste Handys).

35. Auf Tauschpartys gehen, in Secondhand-Shops einkaufen.

36. Geschenkpapier ersetzen (z.B. Geschenksack, Zeitungspapier).

37. Infobriefe von Banken etc. auf Mailbenachrichtigung umstellen.

38. Mehrwegwindeln statt Einwegwindeln.

39. Verzicht auf Feuchttücher.

40. Werkzeug ausborgen oder mieten.

41. Immaterielles anstelle gekaufte Produkte schenken (z.B. Zeit).

42. Eis im essbaren Stanitzl statt im Becher bestellen.

43. „Keine Werbung"-Sticker an die Tür

44. Am PC lesen, anstelle Papier auszudrucken.

45. Doppelseitig drucken.

46. E-Tickets für die Öffis verwenden.

47. Kindern ein gutes Vorbild sein.

48. Freunde für Abfallvermeidung begeistern.

Vorbereitung zur Wiederverwendung – Re-Use

17.   *Schöne Sachen weitergeben*

Vieles wird nicht mehr gebraucht. Der Weg zum Restmüllbehälter ist sehr naheliegend. Die Sachen sind aber oft noch in gutem Zustand und andere könnten diese noch gut gebrauchen. Besser ist es daher, die gut erhaltenen Dinge, die einem nicht mehr gefallen oder die bereits doppelt und dreifach vorhanden sind, weiterzugeben. An Familie, Freund*innen, Sammelstellen, wie die 48er-Tandler-Boxen auf den Mistplätzen oder über Internetplattformen. Kostet nichts, freut aber andere. Wir werden daher weiterhin viele Maßnahmen zur Sensibilisierung der Wiener Bevölkerung durchführen.

18.   *Exklusiv sein mit Secondhand*

Massenware hat jeder. Secondhand-Waren sind langlebig und einzigartig. Jede*r kann sich damit leicht vom Mainstream abheben – sowohl bei der Kleidung als auch beim Wohnungsinterieur. Günstiger ist es ebenfalls.

Auch in diesem Bereich motivieren unsere Öffentlichkeitsarbeit und die Abfallberatung zum nachhaltigen Einkauf. Allein die Warenpräsentation in den beiden Filialen des 48er-Tandlers entspricht diesem exklusiven Zeitgeist. Weg vom Schmuddel-Image hin zu einer attraktiven, alternativen Einkaufsmöglichkeit.

Auch private, sozialökonomische Re-Use-Akteur*innen bieten ihre gut erhaltenen Secondhand-Waren mittlerweile professionell auf der Online-Plattform WIDADO an. Diese Webseite steht mit ihrem Auftritt Amazon und Co. um nichts nach. In Zukunft werden sowohl das Angebot als auch die Anzahl der teilnehmenden Betriebe laufend erweitert.

19. Ausbau Secondhand-Angebot

Im Sommer 2022 wurde zusätzlich zum 48er-Tandler im 5. Bezirk die zweite Filiale des 48er-Tandlers im 22. Bezirk am Standort Rinter eröffnet. Nun wird auch der Bevölkerung jenseits der Donau die Gelegenheit geboten, unsere Secondhand-Waren zu kaufen. Die Bewusstseinsbildung für Abfallvermeidung steht auch in dieser Zweigstelle im Mittelpunkt. Schöne Waren, ein modernes Design und eine Reihe von Veranstaltungen motivieren zum Besuch des 48er-Tandlers. Das Konzept entspricht damit dem des 48er-Tandlers im 5. Bezirk. Der weitere Ausbau von Secondhand-Märkten – egal ob diese von der Stadt oder Privaten bzw. physisch oder online betrieben werden – fördert generell die Attraktivität des neuen Lifestyles.

20. Optimierung Altwarensortierung

Sowohl beim „Ausmisten/Aussortieren" in Haushalten als auch bei der Vorbereitung zur Wiederverwendung (Re-Use: z.B. Sortierung, Überprüfung der Funktionalität, Reparatur) abgegebener Altwaren gibt es Optimierungsbedarf. Bei Haushalten muss das Bewusstsein geschärft werden, schöne Altwaren weiterzugeben, anstelle diese in den Mist zu werfen: **„Aussortieren"** von nicht mehr benötigten Gegenständen zur Weitergabe **anstelle** von „**Ausmisten"** zur reinen Entsorgung. Nur vollständige, saubere (z.B. Kleidung), geschützte (z.B. Geschirr), verpackte und verschlossene Altwaren (z.B. Spiele) ermöglichen die Weitergabe bzw. den Verkauf von Secondhand-Waren. Weitere maßgebliche Erfolgsfaktoren zur Maximierung von Re-Use ist der anschließende **sorgsame Umgang** mit den uns anvertrauten Waren.

Mitarbeiter*innen müssen sensibilisiert, bestens geschult und motiviert sein, um Beschädigungen beim Transport oder bei der Manipulation zu vermeiden. Beim Sortieren muss Gutes von Schlechtem auseinandergehalten werden. Dazu gehören nicht nur vollständig intakte Gegenstände, sondern auch jene, die mit geringem Aufwand noch repariert werden können. Auch Trends – beispielsweise bei der Kleidung oder Retrogeräten – müssen erkannt werden.

21. Optimierung Textilsammlung und Verwertung

Mit jährlich über 20.000 Tonnen landet der Großteil der Wiener Altkleider im Restmüll. Nur 4.800 Tonnen an Altkleidern pro Jahr werden getrennt gesammelt. Dies erfolgt derzeit v.a. in rund 3.000 öffentlich aufgestellten Behältern. Dabei werden nur geringe Mengen von sozialökonomischen Betrieben, wie der Caritas oder der Volkshilfe, gesammelt und verwertet. Der Großteil wird von rein gewinnorientierten Betrieben übernommen und im Ausland sortiert bzw. verwertet. Die Wertschöpfung geht damit dem heimischen Markt verloren. Wir selbst sammeln lediglich 250 Tonnen über unsere Mistplätze und an 10 öffentlichen Standorten. Die Altkleidersammlung, die Weiterverwendung und das Recycling stehen vor großen Herausforderungen:

- **Fast bzw. Ultrafast Fashion:** Die weltweite Produktion steigt rasant an, die Waren werden mit sinkender Qualität immer günstiger und die Nutzungsdauer nimmt stetig ab. Eine Wiederverwendung oder Umänderung ist aufgrund der schlechten Qualität nicht möglich. Die Kleidungsstücke verlieren oft bereits nach wenigen Waschgängen ihre Form, Farbe, etc. und werden damit unbrauchbar. Als Folge verringert sich der Anteil an „Cremeware", d.h. jener Kleidung, die auch in Österreich abgesetzt werden kann.

- **Verkübelung:** Bis vor einigen Jahren konnten Behälter – unterschiedlichster Machart und verschiedener Betreiber*innen – relativ ungeregelt aufgestellt werden. An ein und demselben Standort gibt es nun Behälter von bis zu zwei Anbieter*innen.

- **Verunreinigungen:** Oft wird Altkleidung aus den Behältern gestohlen, nicht benötigte Altkleider daraufhin auf den Boden geworfen. Auch bei Überfüllungen landen die Altkleider daneben. Die Verunreinigungen werden dann über die Straßenreinigung entfernt, da wir am Ende des Tages für etwas verantwortlich gemacht werden, worauf wir keinerlei Einfluss haben.

Altkleidercontainer eines privaten Sammlers links im Vergleich zu unserem Container rechts. (© MA 48)

- **Intransparenz über Verwertungswege**

- **Irreführung durch „Soziales Mascherl":** Sowohl sozialökonomische Betriebe als auch wir verfügen über eine eigene Sammelinfrastruktur und führen selbst die Sammlung durch. Auch die Aussortierung von „Cremeware" für den Verkauf in deren heimischen Re-Use-Shops erfolgt durch diese Betriebe. Lediglich die nicht am heimischen Markt für den Verkauf geeignete Ware wird an Großhändler übergeben. Bei den privatwirtschaftlichen Betrieben hingegen erfolgt der größte Teil der Wertschöpfung im Ausland. Die Behälteraufkleber enthalten oft den Namen von sozialen Einrichtungen. Damit wird fälschlicherweise der Anschein

erweckt, dass auch hier sozialökonomische Einrichtungen tätig
sind. Diese stellen aber lediglich ihren Namen zur Verfügung und
erhalten hierfür eine Abgeltung.

- **Fehlende Sortierkapazitäten und unzureichende Verwertungstechnologie**

- **Extreme Preisschwankungen bei Absatzmärkten:** Aufgrund der
  immer schlechter werdenden Qualität der Kleidung besteht eine
  große Gefahr, dass sich Betreiber *innen bei Gewinnausfall vom
  Markt zurückziehen.

Die EU will den Umgang mit Textilien nun auf neue Beine stellen. Die
neuen Regelungen sollen dabei den gesamten Produktlebenszyklus
umfassen: gerechte Entlohnung der Textilarbeiter*innen, umweltfreundliche Produktion, Vorgaben hinsichtlich des Ökodesigns (Sor-
tierfähigkeit, Reparaturfähigkeit, stoffliche Verwertbarkeit), eine flächendeckende Sammlung ab 2025 sowie die Kostenübernahme für
die Sammlung und Verwertung durch Hersteller*innen. Leider gibt es
hier noch keine klaren Vorgaben. Auch wir beschäftigen uns mit dem
Thema und wollen folgende Aspekte durch die neuen EU-Vorgaben
berücksichtigt wissen.

Unsere Zielsetzung

- Heimische Wertschöpfung, Maximierung von Re-Use im Inland.
- Sicherung von heimischen öko-sozialen Arbeitsplätzen.
- Einheitliche, sichere Sammelbehälter, unabhängig davon, wer die
  Sammlung durchführt.
- Mehr Transparenz über den Verbleib der Textilien.
- Klare Steuerungsmöglichkeit der Sammlung von Textilien durch
  die Kommunen.

Recycling und getrennte Sammlung

Wir wollen die getrennte Sammlung in Zukunft intensivieren, noch attraktiver und einfacher machen. Trotz eines dichten Sammelnetzes wollen wir – dort wo sinnvoll – den Bürger*innen noch kürzere Wege zu den Abgabestellen ermöglichen. Die **Steigerung der Wertstoffmengen** allein durch den **Ausbau der Sammelinfrastruktur** ist allerdings – insbesondere in einer Großstadt wie Wien – **limitiert** (siehe Seite 115). Aus diesem Grund bedarf es weiterer Maßnahmen über die getrennte Sammlung hinaus, um die Recyclingmengen zu steigern.

22. *Wertstoffgewinnung maximieren*

Die getrennte Sammlung gewährleistet – je nach Ausgangsmaterial und Sortiertechnologie – hochwertiges Recycling. Wertstoffe können heutzutage auch auf anderen Ebenen der Abfallwirtschaft gewonnen werden: einerseits direkt durch die Sortierung von Restmüll, andererseits durch die Behandlung der Verbrennungsrückstände. Aus diesen Gründen muss eine moderne Abfallwirtschaft auf mehreren Ebenen ansetzen, um Wertstoffe aus Abfällen zu generieren. Wir sprechen von **primärer** (getrennte Sammlung), **sekundärer** (Restmüllsortierung) und **tertiärer Wertstoffgewinnung** (Sortierung von Verbrennungsrückständen). Die Abfallbehandlung ist daher eine wichtige Ergänzung zur getrennten Sammlung, um Ressourcen zu schonen und einen Beitrag zum Klimaschutz zu leisten.

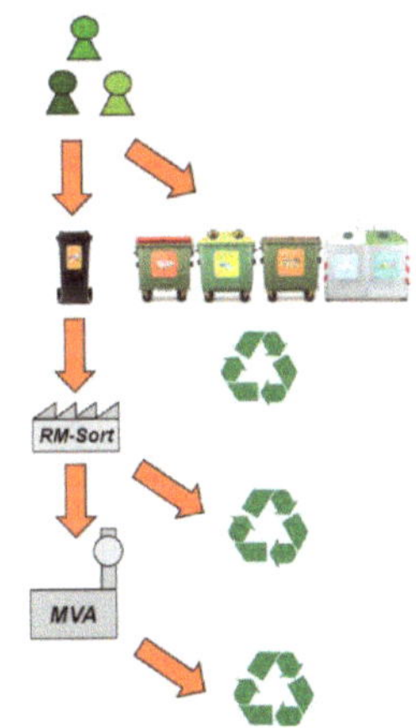

Möglichkeiten zur Gewinnung von Wertstoffen. (© MA 48)

23. Optimierung der Wege von den Behältern zu den Wiener*innen

Da wir im Bereich der Verpackungen nur Auftragnehmerin für die Sammlung von Verpackungen sind, müssen jegliche Veränderungen bei der Sammlung mit den verantwortlichen Sammel- und Verwertungssystemen abgestimmt und auch bezahlt werden.

Weitgreifende Veränderungen im Sammelsystem, welche direkt die Bevölkerung betreffen, müssen zuerst – in Abstimmung mit den Systemen – im kleinen Rahmen getestet werden.

Denn was hilft es, wenn Optimierungen zwar in der Theorie vielversprechend ausschauen, in der Praxis womöglich aber nicht auf Akzeptanz stoßen, operativ nicht umsetzbar sind oder unverhältnismäßige Kosten verursachen. Wir setzen daher bereits seit Beginn der getrennten Sammlung auf die Durchführung von Versuchen.

Nach dem Motto: Im Kleinen testen. Evaluieren. Im Großen umsetzen, sofern die Erwartungen bzw. die gesetzten Ziele auch tatsächlich erfüllt bzw. erreicht wurden.

Sowohl Erfolg als auch Misserfolg von Versuchen sind daher Teil unserer Lernprozesse.

2021 wurde beispielsweise in einem abgegrenzten Gebiet mit 9.500 Einwohner*innen in Favoriten ein einjähriger Versuch durchgeführt. Dabei wurde jedes Wohnhaus mit einer gelben Tonne ausgestattet, welche direkt beim Restmüllbehälter platziert wurde. Auch wenn die Sammelmengen zugenommen haben, so war das Ergebnis dennoch ernüchternd, da die erfassten Kunststoffabfälle leider noch immer weit unter den Wiener Durchschnitt lagen. Die Sammelkosten im Versuchsgebiet nahmen allerdings um den Faktor 2,4 zu.

Wir geben uns aber noch lange nicht geschlagen und werden auch weiterhin das Sammelsystem optimieren und weitere Tests mit einem adaptierten Projektdesign durchführen.

Beispielsweise wollen wir derzeit in Zusammenarbeit mit der BOKU jene Gebiete ausfindig machen, wo das theoretische Sammel-Potential an Altstoffen besonders hoch ist und bisher noch nicht voll ausgeschöpft wird. Die Erhebung erfolgt über die Verschneidung von statistischen Daten mit jenen aus unseren Müllanalysen. Wurde ein besonders vielversprechendes Gebiet gefunden, können wir in diesem klar abgegrenzten Bereich die Sammlung – etwa durch die Verdichtung der bereitgestellten Sammelinfrastruktur - optimieren und die Entwicklung der Sammelmengen an Altstoffen beobachten.

Wir vergleichen daher die Theorie mit der Praxis und schauen, ob es g'scheit wäre, die Sammlung in ähnlichen Gebieten in Wien auszuweiten. Ziel ist es daher, dass wir uns bei der Optimierung der Sammlung besonders auf jene Gebiete konzentrieren, wo die Bevölkerung am besten motiviert werden kann und wo derzeit gleichzeitig noch Altstoffe vermehrt im Restmüll verbleiben. Wir sprechen von „**low hangig fruits**" ernten: Jene Äpfel die in der Nähe des Bodens hängen, können am besten geerntet werden.

Die Vorgehensweise klingt zwar sehr ähnlich zum vergangenen Versuch in Favoriten, ist es aber nicht, da bei bisherigen Versuchen, statistische Daten wie Altersstruktur oder Gewerbeanteil nicht in dem Ausmaß (heruntergebrochen auf Zählbezirke) mit unseren Daten aus Müllanalysen kombiniert wurden. Es ist daher ein neuer Ansatz.

24. Planung von Müllräumen und Müllbehälterstandplätzen

Bei der Errichtung von Gebäuden und Wohnhäusern ist bereits in der Planungsphase Rücksicht auf die Entsorgungssituation zu nehmen.

Zum Erlangen einer Baubewilligung müssen bei Neu-, Zu- und Umbauten unter anderem die Standplätze für Müll und Altstoffgefäße planlich dargestellt sein. Eine Vidierung (Bestätigung des Plans) der geplanten Müllräume und Standplätze muss von der MA 48 eingeholt werden.

In neuen Stadtteilen sowie in sonstigen Neubauten müssen daher Architekt*innen bereits bei der Planeinreichung bei der Baubehörde – in Abhängigkeit der Anzahl an Wohneinheiten – ausreichend Platz für Altstoffbehälter vorsehen. Die Altstoffbehälter sind bei Bezug der Wohnhäuser verpflichtend zur Verfügung zu stellen.

Aufgrund der stetig zunehmenden Bevölkerung werden bereits heute aber auch in Zukunft viele Stadterweiterungsgebiete gebaut. Unsere Richtlinien zielen darauf ab, beste Voraussetzungen für die getrennte Sammlung zu schaffen: kurze Wege und attraktive Müllbehälterstandorte für die Bevölkerung und die Durchführung einer effizienten Sammlung für uns.

25. Vorsammeltaschen

Zur Erleichterung der Sammlung von Altstoffen zu Hause haben wir bereits in den letzten Jahren gratis Vorsammeltaschen an jeden Wiener Haushalt ausgegeben. Diese sind stabil, wiederverwendbar und vor allem in kleinen Wohnungen sehr praktisch. Diese Sammelhilfen wurden sehr gut angenommen. Zusätzliche dienen die Taschen auch als breitenwirksames, kostengünstiges Kommunikationsmittel: Die auffällig gestalteten Tragetaschen sind mit Botschaften bzw. Informationen zur getrennten Sammlung bedruckt. Damit sind im öffentlichen Raum mobile „Werbeträger" unterwegs.

Dieses bewährte System wird voraussichtlich fortgeführt.

26. Modernisierung/Neubau Mistplätze

Die bestehenden Wiener Mistplätze werden laufend modernisiert; neue Mistplätze sind in den Stadterweiterungsgebieten vorgesehen. Sie werden somit bereits in der Planungsphase als Teil der wichtigen Infrastruktur berücksichtigt wie z.B. in der Seestadt Aspern im 22. Bezirk.

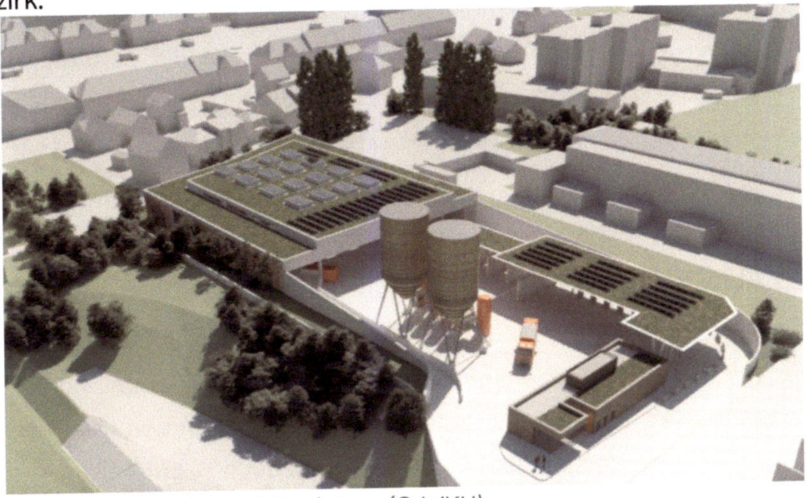

Entwurf eines modernen Mistplatzes. (© WKU)

27. Zusätzliche Abfallfraktionen auf den Mistplätzen

Zu Beginn der Errichtung der Mistplätze 1988 konnten hier rund 13 unterschiedliche Abfallfraktionen entsorgt werden. Mit den Problemstoffen können heute über 70 Abfallfraktionen abgegeben werden. Hintergrund sind Änderungen gesetzlicher Vorgaben (Sammlung von Verpackungen, Elektroaltgeräten), neue in Verkehr gebrachte Produkte (z.B. E-Fahrräder, Lithium-Ionen-Batterien), aber auch Fortschritte bei der stofflichen Verwertung, wodurch eine getrennte Sammlung sinnvoll wird.

Auf Eigeninitiative motivierter Kolleg*innen stellen wir seit 2018 – je nach Platzangebot – auch eigene Mulden für Hartkunststoffabfälle auf. Diese wurden bis zu diesem Zeitpunkt gemeinsam mit Sperrmüll gesammelt und in Folge thermisch behandelt. Heute werden in Wien Hartkunststoffprodukte, wie Gartenmöbel, Bobbycars oder Mülleimer, in einer zusätzlichen Mulde gesammelt und einem Recyclingbetrieb übergeben. Grundvoraussetzung hierfür ist die sortenreine Trennung vor Ort und auch die erfolgreiche Suche nach einem geeigneten Verwertungsbetrieb bzw. Absatzmarkt.

Auch Matratzen werden auf einigen Mistplätzen getrennt vom Sperrmüll gesammelt.

Die Abfallfraktionen werden auch künftig an die jeweiligen gesetzlichen Bestimmungen und die Verwertungsmöglichkeiten angepasst.

Mit der EU-Vorgabe zur Einführung der getrennten Sammlung von Alttextilien ab 2025 wird es ebenfalls zu Veränderungen kommen. Voraussichtlich werden ab diesem Zeitpunkt auch Heimtextilien, wie Geschirrtücher, Tischdecken, Bettwäsche oder kaputte Kleidung, getrennt zu sammeln sein. Konkrete Vorgaben sind hier allerdings noch ausständig.

28. Ergänzende Angebote zu Mistplätzen und der Sperrmüllabfuhr

Die bestehenden Mistplätze wurden vor allem zur Abgabe sperriger, schwerer Abfälle, wie Matratzen, Waschmaschinen, Bauschutt, bzw. für die gemeinsame Entsorgung größerer Mengen verschiedenster

Abfälle konzipiert. Dementsprechend sind die Mistplätze mit Mulden und getrennten Zufahrten für die Kund*innen und den Betrieb ausgestattet und benötigen viel Platz (mehrere Tausend Quadratmeter). Aufgrund dessen sind diese vor allem in locker bebauten Stadtteilen situiert, wodurch auch kleinere, sperrige Abfälle in den meisten Fällen mit einem Fahrzeug gebracht werden müssen. Aber nicht jede*r verfügt über einen Führerschein oder ein Auto. Dies wird künftig noch weiter zunehmen, da der Trend weg vom Auto geht.

Weitere Angebote, wie digitale Lösungen und zusätzliche Abgabemöglichkeiten, könnten für den innerstädtischen, dicht verbauten Bereich eine nützliche Ergänzung zur entgeltlichen Sperrmüllabfuhr darstellen.

Sperrmüll wird durch private Kontrahenten direkt von zu Hause abgeholt. Gegen Entgelt wird ein Fahrzeug samt Personal zur Verfügung gestellt. Egal ob aus dem Keller, der Wohnung oder vom Dachboden. Für die An- und Abfahrt wird ein Pauschalbetrag verrechnet. Die Verrechnung für die Entsorgung der Abfälle erfolgt vor allem über das Volumen sowie die Anforderungen für die Manipulation (Stockwerk, erforderlicher Kran etc.). Das Service wird vor allem für größere Mengen an Sperrmüll bzw. für Elektrogroßgeräte, wie Waschmaschinen, genutzt. Das Service ist nicht für Einzelstücke wie Sessel oder Nachtkästchen ausgelegt. Für Kleinmengen wird an verschiedenen Lösungsansätzen gearbeitet.

29. *Fake News widerlegen*

Ein altbekannter Mythos rund um die Abfallwirtschaft: Getrennt gesammelte Wertstoffe werden wieder zusammengeschmissen: NEIN Restmüll brennt auch ohne Altpapier, PET-Flaschen und Co.

30.   Pfand auf Getränkeverpackungen

Gemäß der EU-Einweg-Kunststoffrichtlinie müssen ab 2029 mindestens 90 % der Kunststoffgetränkeflaschen getrennt gesammelt werden. Derzeit erreicht Österreich nur 70 %. Laut einer vom Umweltministerium in Auftrag gegebenen Studie kann die EU-Sammelquote nur durch ein Pfandsystem erreicht werden. Mit der Novelle des Abfallwirtschaftsgesetzes wird – neben verbindlichen Mehrwegquoten – ab 2025 ein Pfandsystem auf Kunststoffgetränkeflaschen und Getränkedosen eingeführt.

Die Stadt Wien, NGOs und einige andere Bundesländer setzen sich bereits seit Jahren neben der Forcierung von Mehrweggetränkeverpackungen für ein flächendeckendes Pfandsystem auf sämtliche Einweggetränkeverpackungen ein. Nach langem Widerstand sind die Einführung eines **verbindlichen Mehrwegangebots ab 2024** sowie eines **Pfandsystems ab 2025** nun beschlossene Sache. Zur Motivation der Wirtschaft werden Rückgabeautomaten und sonstige Mehrweginfrastruktur mit einem Volumen von 110 Mio. Euro gefördert. Die Mittel stammen aus dem – von der EU dotieren – Österreichischen Aufbau- und Resilienzplan 2020-2026.

Durch die sortenreine Sammlung der Kunststoffgetränkeflaschen können die Wertstoffe in hoher Qualität – ohne intensiver Sortierschritte und ohne Sortierverlusten – fast zur Gänze recycelt und daraus wieder PET-Flaschen hergestellt werden. Ein wichtiger Schritt hin zu einer geschlossenen Kreislaufwirtschaft.

In Wien fallen pro Jahr rund 17.000 Tonnen an Getränkedosen und PET-Flaschen an. In Deutschland werden über 90 % dieser Verpackungen aufgrund eines seit Jahren bestehenden Pfandsystems retourniert. Umgelegt auf Wien könnten damit künftig rund 15.000 Tonnen Kunststoffflaschen und Getränkedosen recycelt werden.

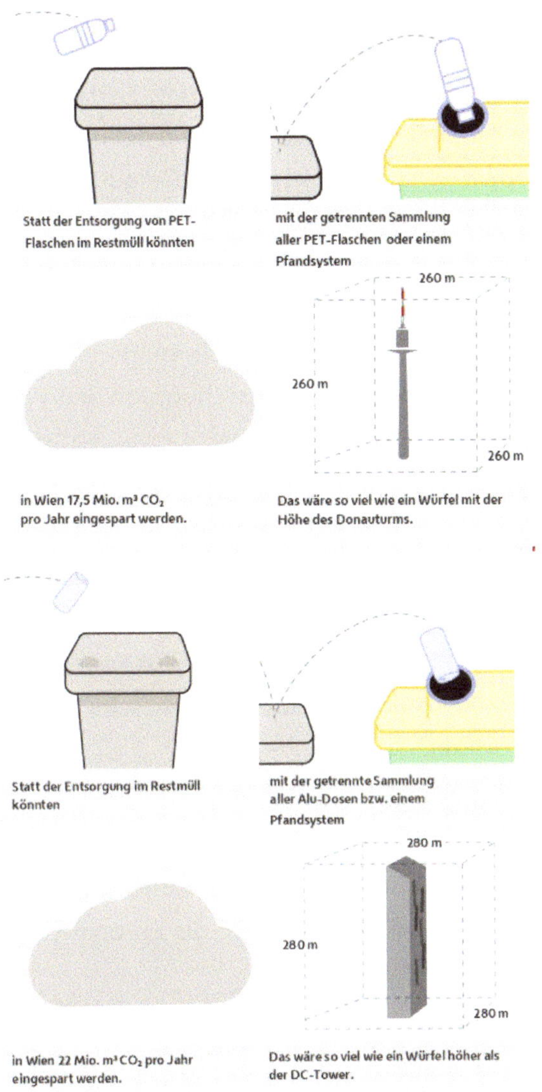

Neben dem schrittweisen Ausbau des Mehrwegangebots ist die getrennte Erfassung von Getränkeflaschen und Getränkedosen durch ein Pfandsystem ein wichtiger Beitrag zum Klimaschutz, da rund 40 Mio. m^3 (= rd. 80.000 Tonnen) an CO_2-Emissionen vermieden werden könnten.
(© Message)

31.   *Pfand auf Lithium-Ionen-Akkus*

Österreichweit befanden sich 2019 rund 1,4 Millionen Lithium-Ionen-Batterien im Restmüll. Es wird erwartet, dass sich diese Zahl schon in den nächsten Jahren verdoppelt. Aufgrund der hohen Energiedichte kann es vor allem bei mechanischer Beschädigung, Überladung oder starker Erwärmung zur Selbstentzündung und zu Kurzschlüssen kommen und in Folge zu Bränden bis hin zu Explosionen führen. Recyclingbetriebe melden vermehrt Brände, die zu Anlagenstillständen und entsprechenden Folgekosten führen. Versicherungsprämien steigen bzw. wird der Versicherungsschutz von den Versicherungen nicht mehr übernommen.

Aufgrund der ambitionierten Ziele der geplanten Novelle der EU-Batterien-Verordnung mit einer Sammelquote für Batterien von derzeit 45 % auf 65 % im Jahr 2025 und des hohen Gefährdungspotentials muss das Hauptaugenmerk auf der Erhöhung der Sammelmengen von Lithium-Ionen-Batterien bzw. Akkus liegen. Die Einführung eines Pfandsystems auf diese Batterien erscheint zur Zielerreichung ein adäquates Mittel.

Wien fordert daher weiterhin die Einführung eines europaweiten Pfandsystems auf Lithium-Ionen-Akkus, auch wenn die derzeitige EU-Novelle dies nicht beinhaltet. Hierin ist lediglich die Prüfung der Einführung eines Pfandsystems durch die Europäische Kommission vorgesehen.

> **Pfandsysteme steigern die getrennt gesammelten Wertstoffmengen.**
>
> Wir fordern daher – ähnlich wie bei Getränkeverpackungen – ein **Pfand** vor allem auf gefährliche Abfälle, wie **Lithium-Ionen-Akkus**, welche derzeit noch oft im Restmüll landen und zu Bränden in Abfallbehandlungsanlagen führen.

32. Strafen für schlechte Mülltrennung?

Seit Inkrafttreten des Wiener Reinhaltegesetzes am 1. Februar 2008 nehmen Verunreinigungen des öffentlichen Raums, sprich Littering, drastisch ab. Mittlerweile werden pro Tag rund 100.000 Hundekotsackerln sowie jährlich 130 Millionen Zigarettenstummeln richtig entsorgt. Dies war bis dahin unvorstellbar. Auch die illegale Entsorgung von Kühlschränken, Sperrmüll oder die Anzahl von illegal abgestellten Einkaufswagerln haben sich seither mehr als halbiert.

Erreicht wurde dies durch das umfassende **Maßnahmenpaket „Saubere Stadt"**, welches auf **drei Säulen** beruht:

* **Bewusstseinsbildung**
* massiver **Ausbau** der **Serviceeinrichtungen**, wie Papierkörbe, die Ausstattung mit Aschenbechern, Hundekotsackerldispenser
* **Sanktionsmöglichkeiten**, um jene zu bestrafen, welche sich nicht an die Sauberkeitsspielregeln halten.

Das Wiener Reinhaltegesetz ist die Grundlage diese Sanktionen durchzusetzen. Auf dessen Grundlage wurden sogenannte Waste-Watcher eingeführt: Diese sind eine Straf- bzw. Kontrolltruppe, welche Ermahnungen aussprechen, Organstrafmandate in der Höhe von 50 € ausstellen bzw. Anzeigen verhängen können.

Durch das komfortable Serviceangebot und die Bewusstseinsbildung werden bereits die meisten motiviert, ihre Altstoffe richtig zu entsorgen. Die getrennte Sammlung ist zudem gesetzlich vorgeschrieben. Diejenigen, welche sich nicht an die Vorgaben halten, können in letzter Konsequenz daher auch gestraft werden. Dies ist derzeit allerdings nur schwer umsetzbar, da nur die individuelle Person zur Rechenschaft gezogen werden kann. In Wohnhäusern ist es natürlich schwierig die jeweilige Person ausfindig zu machen. Dennoch kommen ähnliche Mechanismen auch heute zum Tragen. Dies ist etwa der

Fall, wenn Altpapierbehälter für die Entsorgung von Restmüll verwendet werden. Diese verunreinigten Behälter werden dann über die Restmüllsammlung entleert und daher auch über den Restmülltarif an die Liegenschaft verrechnet. Die Entsorgung von Altpapier ohne Fehlwürfe ist hingegen gratis.

33. Steuer auf den Einsatz von Primärrohstoffen

Seitens der EU werden künftig Mindestquoten für den Einsatz von Sekundärrohstoffen bei der Herstellung neuer Produkte vorgeschrieben. Dies ist ein gewaltiger Fortschritt, allerdings aus unserer Sicht noch nicht weitreichend genug. Aus wirtschaftlicher Sicht werden Produzent*innen nur dieses Mindestmaß umsetzen, sofern Primärrohstoffe aufgrund der jeweiligen Marktlage billiger als Sekundärrohstoffe sind. Ein guter Lenkmechanismus könnte daher die Einführung einer Steuer auf den Einsatz von Primärrohstoffen sein: Umso weniger Neumaterialien eingesetzt werden, umso billiger wird es. Umgekehrt verteuern sich die Produktionskosten.

Der Einsatz von Sekundärrohstoffen könnte durch eine Steuer auf Primärrohstoffe gesteigert werden. (© Pixabay)

34. Wertstoffe aus Restmüll

Restmüll beinhaltet noch ein beträchtliches Potential an Wertstoffen. Folglich sollen durch den Einsatz von Technologien Altstoffe rückgewonnen werden, die von der Bevölkerung nicht getrennt gesammelt werden. Eine Vorsortierung von Restmüll ist hier ein zukunftsträchtiger Weg, den wir gemeinsam mit Wien Energie verfolgen. Wir wollen Wertstoffe wie Altpapier, Kunststoffe und Metalle direkt aus dem Restmüll – vor der Müllverbrennung – sortieren und dem Recycling zuführen, sofern dies ökonomisch darstellbar ist.

Die Sortierung von Restmüll zur Wertstoffgewinnung kann dabei nur eine nützliche Ergänzung zur getrennten Sammlung darstellen, diese aber nicht ersetzen. Durch die getrennte Sammlung können die Wertstoffe bestmöglich verwertet werden: Es gibt aufgrund der beinah sortenreinen Sammlung weniger Sortierverluste und zusätzlich erhält man bessere Qualitäten. Hochwertige Produkte können nur mit entsprechend hochwertigen Ausgangsstoffen hergestellt werden. Auch bei der besten Sortiertechnologie wird es aber noch immer Verunreinigungen und Verluste bei der Abtrennung geben.

35. Metalle aus Verbrennungsrückständen

Bereits heute werden Metalle aus den Wiener Verbrennungsrückständen abgeschieden (siehe Seite 96). Durch Modernisierungsmaßnahmen bei der Aufbereitung könnte der Abscheidegrad von Eisen- und Buntmetallen eventuell weiter gesteigert werden.

36. Glas aus Verbrennungsrückständen

In einer Behandlungsanlage außerhalb Wiens wurden bereits Aufbereitungsversuche mit der (Bett-) Asche aus der Verbrennungsanlage mit Wirbelschichttechnologie (WSO4, Simmering) durchgeführt. Die

Glasabtrennung erfolgt bei dieser Aufbereitungsanlage mittels zwei optischer Sortierstufen. In der ersten Stufe wird Glas abgetrennt und in einer weiteren von den Störstoffen gereinigt. Dabei wird eine Glasqualität erzielt, die teilweise zu Herstellung von Behälterglas, hauptsächlich aber bei der Schaumglasherstellung verwendet werden kann.

Schaumglas ist ein Wärmedämmstoff aus aufgeschäumtem Glas für den Hoch- und Tiefbau. Dieses Material weist ausgezeichnete Eigenschaften auf: Es ist nicht nur wärmedämmend, sondern auch wasserdicht, druckfest, dampfdicht, maßbeständig, nicht brennbar, säurebeständig, schädlingssicher und leicht zu bearbeiten. Schaumglas nimmt praktisch kein Wasser auf und kann daher sehr gut als Sperrschicht eingesetzt werden.

Parallel dazu untersuchen wir, inwieweit Glas auch aus den Schlacken der Müllverbrennungsanlagen gewonnen werden kann.

Gemeinsam mit der Bettasche des WSO4 besteht ein Potential von rund 24.000 Tonnen, welches der Verwertung zugeführt werden könnte. In Summe (geplante Glas- und bereits bestehende Metallabscheidung) könnten damit rund 35 % der Verbrennungsrückstände in der Metall- bzw. Bauindustrie eingesetzt werden.

37. Baumaterialien aus Verbrennungsrückständen

Für die mineralische Fraktion der Verbrennungsrückstände (Steine, Sand, Porzellan, …) gibt es derzeit noch keine Abnehmer*innen. Wir konnten allerdings mit einer entmetallisierten und entglasten Asche bereits Versuche zur Herstellung von Betonsteinen erfolgreich abschließen. Die stoffliche Verwertung von Verbrennungsrückständen war bisher rechtlich noch nicht vorgesehen. Das Land Wien führte mit dem Bundesministerium für Klimaschutz, Umwelt, Energie, Mobilität, Innovation und Technologie Gespräche mit dem Ziel, die rechtlichen Rahmenbedingungen für ökologisch sinnvolle Verwertungsoptionen für die, in Wien anfallenden, Müllverbrennungsschlacken zu definieren.

Bisher konnten Verbrennungsrückstände lediglich – unter Einhaltung gewisser Grenzwerte – in der Tragschicht im Straßenbau eingesetzt werden. Im Bundesabfallwirtschaftsplan 2023 wurden nun auch Grenzwerte für den Einsatz als Gesteinskörnung für Beton eingeführt.

In enger Zusammenarbeit mit Partner*innen der Bau- und Zementindustrie werden derzeit im Rahmen eines Forschungsprojekts mögliche Verwertungswege für die mineralischen Bestandteile der Verbrennungsrückstände erarbeitet.

Mit den nötigen Aufbereitungsschritten muss jedenfalls gewährleistet werden, dass keine Schadstoffe in die Umwelt gelangen. Dies wird – glauben wir – aus heutiger Sicht möglich werden.

38. Anlagenpark der Zukunft

Die Abfallbehandlungsanlage der Zukunft könnte als Zentrum für **Kreislaufwirtschaft, Energie und Ressourcen** einen wesentlichen Beitrag unseres Weges zu ZERO Waste darstellen, indem alle technologischen Fortschritte bei der Wertstoffgewinnung zum Tragen kommen:

- Wertstoffgewinnung aus Restmülls
- Gewinnung von Strom, Fernwärme und Fernkälte
- Wertstoffgewinnung aus den Verbrennungsrückständen
- Dekarbonisierung der Rauchgase

Unsere Vision: Der Anlagenpark der Zukunft liefert Energie und Sekundärrohstoffe. Die Abtrennung von CO_2 aus dem Rauchgas verhindert den Ausstoß von klimaschädlichem Kohlenstoff. (© Martin-Daniel Thamer)

39. Einsatz von Recyclingbaustoffen

Die öffentliche Hand kann aufgrund ihrer vielfältigen Tätigkeitsfelder und Auftragsvolumina einen gewissen Einfluss auf die seitens der Wirtschaft angebotenen Waren und Dienstleistungen nehmen. Die Kommunen schaffen Nachfrage und sind ein Treiber dafür, „Nachhaltigkeit" zu etablieren. Dies ist das Prinzip von ÖkoKauf Wien, dem Beschaffungsprogramm der Stadt Wien.

Gemeinsam mit dem Geschäftsbereich Bauten und Technik der Magistratsdirektion erarbeiteten wir Ausschreibungsunterlagen für eine neue 48er-Unterkunft in Simmering, wo Beton mit rezyklierter Gesteinskörnung zum Einsatz kommt. Diese Unterlagen dienen als Vorbild für zukünftige Ausschreibungen der MA 48 und anderer Dienststellen. Im Februar 2023 startete der Bau: Erstmals kommt in einem öffentlichen Gebäude der Stadt Wien Recyclingbeton zum Einsatz.

Eine Grünfassade, Photovoltaik-Anlage, ökologische Warmwasserversorgung und E-Ladestationen ergänzen das Öko-Bauwerk.

So wird die 48er-Unterkunft in vier Jahren ausschauen. Die Projektabwicklung erfolgt über unsere 100-%ige Tochterunternehmung WKU. (© AXIS Ingenieurleistungen ZT GmbH)

Außerdem arbeitet die Magistratsdirektion in enger Kooperation mit ÖkoKauf Wien an einer Beschaffungsstrategie, die Klimaschutz, Klimawandelanpassung und Kreislaufwirtschaft berücksichtigt und gleichzeitig Ressourcenschonung und Nachhaltigkeit im Bauwesen der Stadt Wien sicherstellt. Dabei wird mit dem Österreichischen Baustoff-Recycling Verband und der Wirtschaftskammer Wien zusammengearbeitet.

40. Gebäudepass/Gebäuderückbau

Gebäude enthalten wertvolle Rohstoffe bzw. Materialien, wie Holz, Glas, Stahl, Beton, Ziegel und Produkte, wie Türen, Fenster, Armaturen, Heizungen etc. Bei Abbrucharbeiten werden funktionstüchtige Gebäudeteile zumeist zerstört und als Abfall entsorgt. Viele Materialien sind derart verbaut (z.B. Verbunde, wie Dämmmaterialien, Klebeverbindungen etc.), dass diese nicht getrennt und damit recycelt werden können. Beim Abbruch fehlt – mangels Aufzeichnung – oft das Wissen, wo sich welche Materialien bzw. „Schätze" befinden. Durch eine bundesweite Einführung eines Gebäudepasses könnten sowohl alle eingesetzten Materialien als auch die genaue Örtlichkeit aufgezeichnet werden. Brauchbare Materialien könnten damit gefunden und gezielt beim Abbruch abgebaut werden.

Wir unterstützen – etwa durch die Durchführung von Pilotprojekten oder durch Forschungsarbeit – Maßnahmen, die dazu beitragen, Abfälle aus dem Baubereich bestmöglich weiter zu nutzen und dem Recycling zuzuführen:

- Abbrucharbeiten: funktionstüchtige Gebäudeteile für eine Weiterverwendung schonend ausbauen.
- Einsatz von Recyclingbaustoffen bei Neubauten.
- Verwendung von Baustoffen, welche sortenrein getrennt (keine Verbundstoffe) und dem Recycling zugeführt werden können.

Sonstige Verwertung

41. *Trockenvergärung als Vorstufe zur Kompostierung*

Aktuell wird der Großteil der in Wien getrennt gesammelten Bioabfälle im Kompostwerk Lobau kompostiert (siehe Seite 100).

Nun gibt es Überlegungen das etablierte System der Kompostierung um eine vorgeschaltete Trockenvergärungsanlage zu ergänzen, um neben Kompost auch Energie zu produzieren. Im Rahmen eines Forschungsprojektes soll nun unter anderem untersucht werden, ob die Wiener Bioabfälle für diese Art der Vergärung geeignet sind, welche Technologie dafür in Frage käme und mit welchem Biogasertrag gerechnet werden könnte.

Zusammengefasst wollen wir im Rahmen des Projekts erforschen, inwieweit biogene Abfälle noch besser genützt werden können:

- Energiegewinnung durch eine der Kompostierung vorgeschaltete Trockenvergärung.
- Weiterhin Produktion von hochwertigen Kompost aus dem Gärrest.

Dies könnte ein weiterer Baustein der Wiener Abfallwirtschaft sein, um den Beitrag zum **Klimaschutz** auszubauen: Zum Ersatz von mineralischem Dünger, der Kohlenstoffbindung im Boden und dem Ersatz von Torf käme durch die Produktion von „Grünem Gas" aus biogenen Abfällen ein weiterer positiver Effekt der Bioabfallwirtschaft auf den Klimaschutz hinzu.

Parallel dazu soll im Rahmen des Forschungsvorhabens auch untersucht werden, inwieweit es Möglichkeiten gibt, die bei der Kompostierung entstehende Wärme (durch die mikrobiellen Abbauprozesse) bestmöglich zu nutzen.

42.   Kompost aus Gärrest

Biogene Abfälle aus den innerstädtischen Biotonnen sowie Speiseabfälle aus der Gastronomie bzw. Großküchen werden aufgrund ihres hohen Wassergehalts in der Wiener Biogasanlage Wien behandelt. Daraus entsteht „grünes, klimaneutrales Gas". Bisher wurden jährlich 6.000 Tonnen Gärrest, das heißt jenes Material, das nach der Vergärung übrigbleibt, thermisch verwertet. Wir untersuchen nun, ob auch diese Mengen kompostiert werden können. Insbesondere die hohe Feuchtigkeit bzw. die schlammähnliche Konsistenz sowie eine potentielle Geruchsbeeinträchtigung verhindern bisher die Behandlung im Kompostwerk Lobau. Durch den Einbau eines Aggregats zur Mischung von Strukturmaterial und dem Gärrest könnten zukünftig die Voraussetzungen für eine Kompostierung geschaffen werden.

43.   Dünger aus Klärschlamm

Phosphor ist ein essentieller Nährstoff für Pflanzen, Tiere und Menschen. Er ist daher ein Hauptbestandteil vieler Düngemittel und damit als Grundlage allen Lebens unverzichtbar für die Produktion von Lebensmitteln.

Österreichweit werden jährlich rund 12.500 Tonnen Phosphor als Mineraldünger in der Landwirtschaft ausgebracht. Rohphosphat, der Ausgangsstoff für Düngemittel, wird in Lagerstätten außerhalb Europas – zum Teil in politisch sehr instabilen Regionen, wie China, Marokko, Russland oder Tunesien – abgebaut. Der Abbau geht mit zahlreichen negativen Umweltauswirkungen einher. So werden Naturgebiete zerstört oder Phosphorgips als unnützes Nebenprodukt manchmal ins Meer gekippt. Expert*innen warnen aufgrund dieser unsicheren Rahmenbedingungen bereits vor einer möglichen Phosphor- und somit Düngemittelknappheit in Europa. Nicht zuletzt aufgrund dieser Abhängigkeit wurde Rohphosphat 2014 von der EU-Kommission in die Liste der 20 „kritischen" Rohstoffe aufgenommen.

Dabei liegt die Lösung für diesen drohenden Engpass sehr nahe: Ein Teil der Importmenge könnte durch Phosphor-Recycling aus Klärschlamm ersetzt werden. Der von den Pflanzen aufgenommene Phosphor gelangt über den Konsum von Nahrungsmitteln in die Kläranlage, wo er derzeit noch ungenutzt mit dem Klärschlamm verbrannt wird. Die in Wien jährlich anfallende Klärschlammasche von 12.000 Tonnen beinhaltet knapp 1.000 Tonnen bzw. 8-10 % reinen Phosphor. Die MA 48 initiierte daher mit externen Partner*innen eine Entwicklungspartnerschaft, mit dem Ziel, den im Wiener Klärschlamm enthaltenen Phosphor für die Herstellung von Düngemitteln rückzugewinnen. Es ist davon auszugehen, dass es auf europäischer und auch nationaler Ebene künftig Vorgaben geben wird, den Phosphor aus Klärschlammasche zu verwerten. Neben den gesetzlichen Regelungen stellt die Finanzierung eine Herausforderung dar.

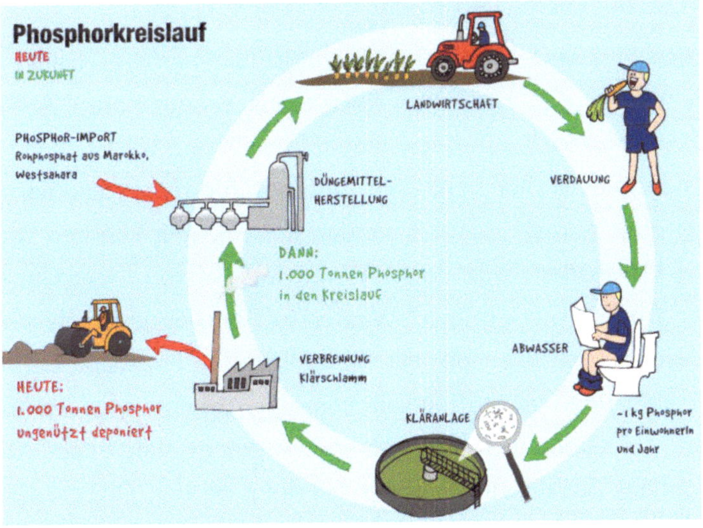

Der mögliche Phosphorkreislauf in Wien. (© Unique)

44.   Ausbau der Biogasanlage

Die Vergärung von Küchenabfällen versorgt bereits heute 1.000 Haushalte mit Biomethan, welches in das Erdgasnetz eingespeist wird. Durch die Intensivierung der Sammlung von Küchenabfällen kann auch mehr grünes, klimaneutrales Gas in der Wiener Biogasanlage produziert werden. Es ist daher geplant, die Kapazität der derzeitigen Anlage zu verdoppeln. Das bei der Vergärung gewonnene Biogas wird daher nicht mehr zur Versorgung von Individualwärme, sondern neben Wasserstoff und synthetischem Methan zur Befeuerung der Kraft-Wärme-Kopplungs-Anlagen, also zur Produktion von Strom und Fernwärme für die Wiener Haushalte, genutzt werden.

45.   Waste 2 Value

Die Wien Energie beteiligt sich aktuell mit Partner*innen an einem geförderten Forschungsprojekt der Bioenergy and Sustainable Technologies GmbH (BEST) mit dem Ziel, aus Abfällen klimaneutralen Treibstoff zu produzieren. Neben Klimaschutz könnten derartige Anlagen bei der Energieversorgung Österreichs helfen.

Zu diesem Zweck wurde am Standort Simmeringer Haide eine Versuchsanlage errichtet. Hier soll u.a. aus „erneuerbaren" Abfällen, wie Holzabfällen, Synthesegas entstehen. Daraus lässt sich in Folge CO_2-neutrales Rohöl herstellen, welches für die Produktion von Diesel oder Kerosin genutzt werden kann. Damit könnten sowohl Busse, Lkws oder Flugzeuge mit Treibstoff versorgt werden. Aber auch „grünes" Gas, „grüner" Wasserstoff und Grundstoffe für die chemische Industrie soll die Testanlage liefern. Die derartige Produktion von Treibstoff ist sehr komplex. Abfall muss in der Anlage zuerst bei hohen Temperaturen verbrannt und das daraus gewonnene Gas in vielen Schritten gereinigt werden. Ob bzw. wie gut das Ganze mit den jeweiligen Abfällen funktioniert, wird im Rahmen dieses Forschungsprojekts getestet. Mittlerweile wurden neben Holzabfällen auch aufbereitete Kunststoffabfälle und Rückstände aus der Papierindustrie geprüft. Falls alles klappt, könnte eine industrielle Anlage innerhalb von 10 Jahren, im großen Stil alternativen Treibstoff liefern.

## 46.	Energie aus Abfall & Dekarbonisierung

Die energetische Verwertung der verbliebenen Restabfälle nach der Abtrennung von Wertstoffen aus dem Restmüll, von Sortierresten bzw. von Produkten, welche aufgrund ihrer Inhaltsstoffe nicht wieder dem Kreislauf zugeführt werden sollen, wird auch künftig ein essentieller Behandlungsschritt bleiben. Aus Restabfällen wird daher weiterhin Strom, Fernwärme und Fernkälte produziert. Dies ist eine wichtige Maßnahme der Stadt Wien am Weg zur Klimaneutralität und Energieautarkie.

Künftig wird das Wiener Fernwärmenetz weiter ausgebaut. Trotz Gebäudesanierungen zur Reduktion des Wärmeverbrauchs, der Nutzung von Geothermie und des Ausbaus von Wärmepumpen bleibt die Produktion von Fernwärme aus Restabfällen ein wesentlicher Bestandteil, um künftig gänzlich auf fossiles Erdgas verzichten zu können.

Allerdings wird auch die Verbrennung von Abfällen klimaneutral ausgerichtet sein.

Durch Produktion von Strom und Fernwärme bei der Müllverbrennung werden fossile Energieträger, wie Erdöl und Erdgas, ersetzt. Die Müllverbrennungsanlagen reduzieren dadurch bereits heute den CO_2-Ausstoß. Ein Großteil der im Restmüll enthaltenen, nicht verwertbaren Materialien besteht aus nachwachsenden Rohstoffen, wie

beispielsweise Hygienepapier; die Energiegewinnung aus diesen Abfällen ist daher klimaneutral. Die Abfälle im Restmüll beinhalten teilweise aber auch fossilen Kohlenstoff (z.B. Kunststoffe). Dieser gelangt derzeit nach der Verbrennung in die Atmosphäre.

Durch die Behandlung des Rauchgases mittels „Carbon-Capture-
Technologie" könnte Kohlenstoff abgetrennt werden. Dieser könnte
im Boden dauerhaft gebunden oder verwertet werden. Die Müllverbrennung wäre vollständig „dekarbonisiert" und somit klimaneutral.
Die Finanzierung und die Rechtskonformität sind aber noch eine
große Herausforderung, die es gilt, vorab zu klären.

> Die **energetische Verwertung** der Restabfälle wird auch in Zukunft
> für eine funktionierende Abfallwirtschaft **unverzichtbar** und ein
> wichtiger Beitrag für die Energieversorgung Wiens sein.

47. Schluss mit der Deponierung von Restmüll in der EU

Zur Erreichung der Klimaschutzziele müssen – neben zahlreichen anderen Maßnahmen und einer grundsätzlichen sozial-ökologischen
Transformation unserer Gesellschaft in allen Lebensbereichen – auch
fossile Energieträger wie Öl, Gas und Kohle für die Energieversorgung verbannt und durch alternative Energiequellen ersetzt werden.
Auch der Ausbau der Fernwärme ist hierfür nötig.

Auf der anderen Seite werden brennbare Mischabfälle weltweit, aber
auch in Europa, weiterhin direkt – ohne Vorbehandlung – deponiert,
da oft die finanziellen Mittel oder die Akzeptanz für den Bau von
Müllverbrennungsanlagen fehlen. Durch den mikrobiellen Abbau
von Organischem entsteht aber Methan, welches ein Vielfaches (Faktor 28) an CO_2-Emissionen verursacht als CO_2 aus der Verbrennung
von Erdgas und CO_2.

> **Europäische Staaten,** wie Griechenland, Estland, Litauen, Ungarn, Italien, Malta, Zypern oder Slowenien, betreiben **noch** immer **Deponien** zur Ablagerung von brennbaren Mischabfällen mit klimaschädlichen **Methanemissionen**. Dies ist seitens der EU noch bis 2040 erlaubt.

Die Reduktion bzw. das Verbot von Deponien wäre ein rascher Ansatz, um die klimarelevanten Emissionen schon kurzfristig weltweit maßgeblich zu reduzieren. Anstatt zu deponieren, sollte Restmüll daher – wie bereits bei uns schon Jahrzehnte Praxis – vermehrt in Richtung energetischer Verwertung umgeleitet werden. Sofern dies nicht im jeweiligen Land umsetzbar ist, sollten, aus klimarelevanter Sicht, auch freie Müllverbrennungskapazitäten außerhalb dieser Länder ins Auge gefasst werden, wo eine energetische Verwertung unter höchsten Umweltstandards akzeptiert und etabliert ist.

> Abfallvermeidung und Recycling haben höchste Priorität, aber **energetische Verwertung anstelle der Deponierung** ist eine sehr effektive Maßnahme zur raschen Reduktion der negativen Auswirkungen der Abfallwirtschaft auf das Weltklima.

Wir dürfen nicht auf das langfristige Idealbild einer intakten Welt warten, wir müssen jetzt Schritte setzen, welche sofort bzw. zeitnah Wirkung zeigen.

Zur Untermauerung: Durch die Deponierung ohne die Erfassung des sich bildenden Deponiegases Methan werden pro Tonne Restmüll 2.400 Tonnen CO_2 freigesetzt. Bei der energetischen Verwertung (Gewinnung von Strom UND Fernwärme), wie in Wien, werden hingegen 240 Tonnen CO_2-Emissionen eingespart! Die Müllverbrennung ist daher eindeutig der Deponierung vorzuziehen.

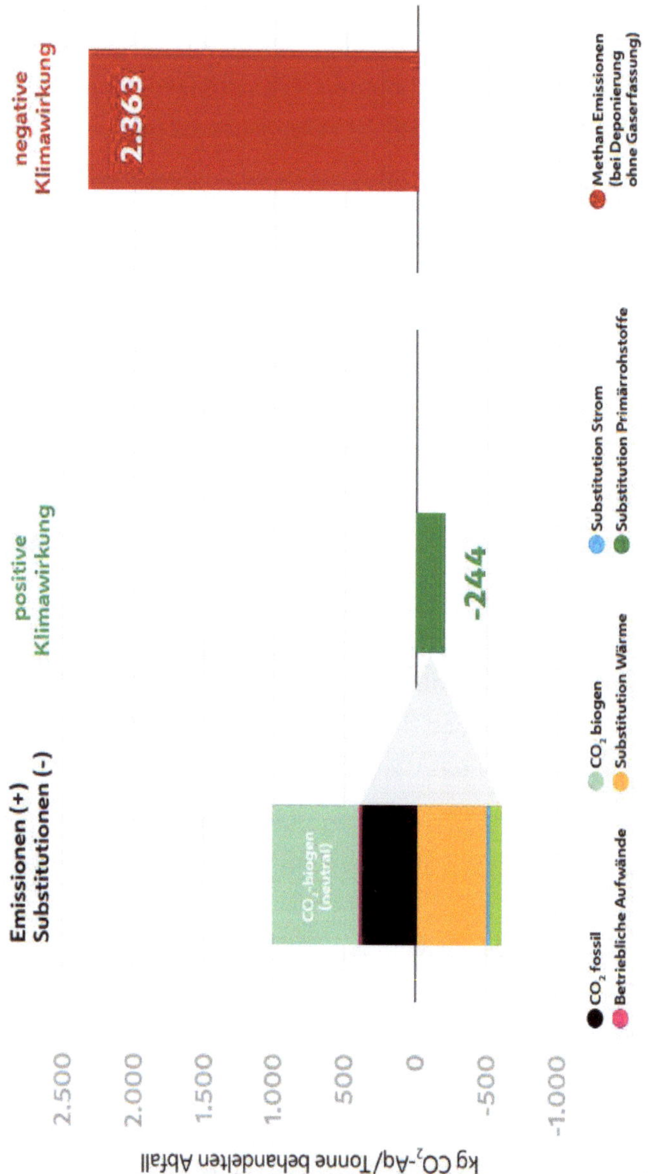

Die energetische Verwertung von Restmüll anstelle der Deponierung trägt zum Klimaschutz bei. (© MA 48)

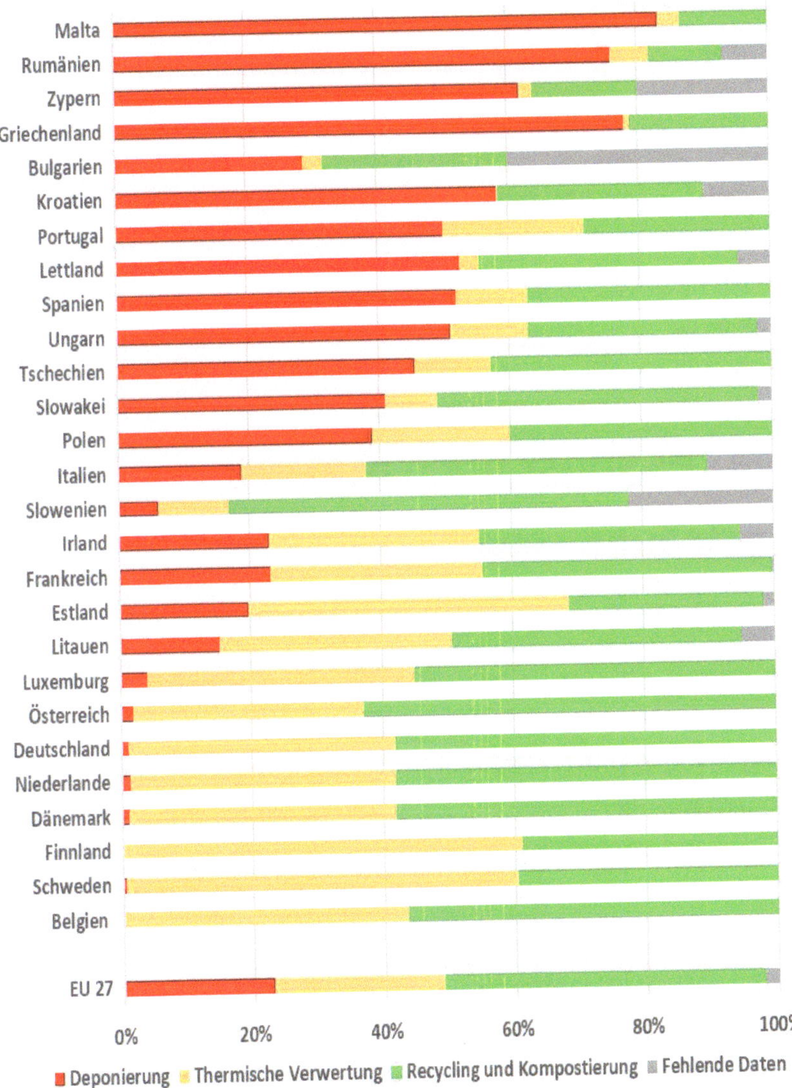

In vielen Ländern Europas werden Siedlungsabfälle noch immer unbehandelt deponiert, 2021. (© CEWEP, MA 48 adaptiert)

Beseitigung

48.   *Die Zukunft der Deponie – die Vision*

Auf der Deponie Rautenweg müssen künftig keine Abfälle mehr abgelagert werden, da selbst die Verbrennungsrückstände verwertet werden. Das aus Altablagerungen – immer weniger – werdende Methan wird weiterhin abgesaugt und verwertet. Die Deponie an sich könnte nach der völligen Entgasung und dem Ende der Setzungen in einer anderen Art genutzt werden – etwa als Energiepark, Naherholungsraum etc.

<u>Was es sonst noch braucht – Vertrauen schaffen</u>

Tue Gutes und rede darüber!

Die Wiener Abfallwirtschaft zeichnet sich unter anderem dadurch aus, dass alle nötigen Behandlungsanlagen wie die Müllverbrennungsanlagen (z.B. für Restmüll, aber auch gefährliche Abfälle) oder die Deponie Rautenweg, auf dem Wiener Stadtgebiet situiert sind und sich in der Hand der Stadt befinden. Dies führt zu einer Reihe von Vorteilen:

- Wir minimieren Transporte und Transportwege.
- Wir sind unabhängig von Dritten.
- Wir setzten die Maßstäbe der technischen Ausstattung der Anlagen (z.B. Minimierung der Emissionen weit unter den gesetzlichen Grenzwerten, Wertstoffgewinnung).
- Wir behalten das Wissen über Stoffströme der Abfälle.
- Wir behalten die Fachkompetenz durch den Betrieb eigener Anlagen.

- Wir sorgen für Entsorgungssicherheit auch im Krisenfall – etwa infolge von Blackouts oder Pandemien – indem wir Redundanzen schaffen.
- Wir können bei Bedarf rasch reagieren.

Das ist nicht selbstverständlich, sondern hart erarbeitet.

Wird eine Müllverbrennungsanlage beispielsweise auf der grünen Wiese außerhalb des urbanen Raums errichtet, kann – anders als in Wien – nur Strom sinnvoll produziert werden, da es für die Wärme auf breiter Flur keine Abnehmer*innen gibt bzw. die Installierung eines Fernwärmenetzes weder wirtschaftlich noch ökologisch sinnvoll wäre.

In anderen Ländern wiederum fehlt oft die Bereitstellung der finanziellen Mittel, die Akzeptanz und teilweise auch der politische Rückhalt für den Bau einer Anlage. Für einen wirtschaftlichen Betrieb der Anlagen und der Gewährleistung der Versorgungssicherheit (Energieproduktion) ist zudem die kontinuierliche Auslastung der Müllverbrennungsanlagen nötig: Wären wir abhängig von Abfalllieferungen privater Unternehmen, könnte es passieren, dass Abfälle – je nach Marktlage – in Müllverbrennungsanlagen außerhalb Wiens gelangen. Dies ist in Wien nicht der Fall, da der Wiener Restmüll aus Haushalten uns gehört und wir diesen für die energetische Verwertung in den Wiener Anlagen nutzen. Geregelt ist dies im Wiener Abfallwirtschaftsgesetz: Sofern sich auf einer Liegenschaft auch nur eine Wohneinheit befindet, muss der Restmüll über die 48er entsorgt werden.

Es ist daher schön und gut, dass sich die Wiener Abfallwirtschaft weiterentwickeln will und viele – aus Sicht der Fachexpert*innen – sinnvolle Projekte geplant werden. Um die Maßnahmen auch tatsächlich umsetzen zu können, müssen aber zuerst die Voraussetzungen geschaffen werden:

- Die Wiener Abfallwirtschaft erarbeitet fundierte Entscheidungsgrundlagen. Durch nationale und internationale Vernetzung mit Kommunen, Interessensvertretungen, Entsorgungsbetrieben, Universitäten, der Forschung und sonstigen Fachexpert*innen kann durch Wissensaustausch und Partizipation eine wesentliche Basis für künftige Entscheidungen geschaffen werden.
- Verwaltung und Politik versuchen Ressourcen wie Personal, Infrastruktur und Geldmittel, langfristig gesichert zur Verfügung zu stellen.
- Die Bevölkerung trägt Entscheidungen bzw. Projekte mit.

Wir tun daher nicht nur etwas G'scheites, sondern wir reden auch darüber und schaffen gemeinsam transparente Entscheidungsgrundlagen. Dabei werden Erfolge, aber auch Misserfolge aufgezeigt bzw. Beschwerden als Chance für Verbesserungen gesehen. Kommunikation sowie fachliche und soziale Kompetenzen sind daher gleichermaßen das Um und Auf, um Projekte von der Theorie in die Praxis umzusetzen.

Motivation der Bevölkerung

Auch die Bevölkerung muss getroffene Maßnahmen nachvollziehen können. Nur so kann sie motiviert werden, ihr Verhalten etwa im Bereich der Abfallvermeidung oder der getrennten Sammlung ökologisch auszurichten. Wir müssen daher weiterhin ein entsprechendes Informations- und Dialogangebot schaffen. Die Menschen in unserer Stadt müssen darauf vertrauen können, dass wir uns für Ressourcen- und Klimaschutz einsetzen, die Altstoffsammlung sinnvoll ist oder die Behandlungsanlagen nötig sind und davon keine Gefahren für die Umwelt ausgehen. Die Wiener*innen können sich auf die Stadt und uns 48er verlassen.

So einfach wie möglich

Abfallvermeidung und -trennung dürfen keine Wissenschaft sein oder mit einem unzumutbaren Arbeitsaufwand betrieben werden.

Klare Botschaften und Handlungsanleitungen sind daher das Ziel. Bilder erreichen dabei oft mehr als tausend Worte. Das ist an der Beklebung der Müllbehälter oder den Leitsystemen auf den Wiener Mistplätzen ersichtlich.

Selbst die auffällige Gestaltung der Papierkörbe hilft dabei, dass die Behälter auch tatsächlich genutzt werden – und zwar aus dem ganz einfachen Grund: Jede*r sieht sie! Unsere Papierkörbe sind mit auffallenden, humorvollen Sprüchen beklebt. Sie bringen Passant*innen zum Lächeln und ziehen damit die Blicke auf sich.

Einfache Botschaften und Bilder allein verhindern noch nicht, dass keine Abfälle am Boden oder im falschen Behälter landen. Das Sammelangebot muss somit komfortabel und finanzierbar sein. In Wien gibt es z.B. über 220.000 Altstoffsammelbehälter auf privaten Liegenschaften bzw. an 4.500 öffentlichen Standorten, 25.000 Papierkörbe im öffentlichen Raum und über 3.900 Hundekotsackerldispenser.

Menschen nicht für blöd verkaufen

Manche Materialien wie Kunststoffverpackungen aus nachwachsenden Rohstoffen suggerieren, dass diese in die Eigenkompostierung oder Biotonne gehören. Allerdings haben auch diese Verpackungen nichts in der Biotonne zu suchen. Ein grünes Mascherl macht ein Produkt noch lange nicht nachhaltig. Auch viele der dahinterstehenden Produktionsprozesse sind sehr ressourcenaufwändig und damit alles andere als nachhaltig. Die meisten Biokunststoff-Produkte bauen sich während des Kompostierungsprozesses in den großtechnischen Kompostanlagen nicht vollständig ab. Geschweige denn am Komposthaufen im eigenen Garten, wo weniger ideale Bedingungen herrschen. Zusätzlich tragen diese Materialien nichts zum Humusaufbau bei, da es sich um „totes" Material handelt.

Altpapier, biogene Abfälle, Altmetall oder Altglas werden getrennt gesammelt und zur Gänze den Sortierbetrieben übergeben. Bis auf Störstoffe und Sortierverluste wird daher auch alles verwertet. Beim nun eingeführten österreichweiten System der Leichtverpackungssammlung ist dies bisher noch nicht zu 100 % der Fall, da Produkte erst schrittweise so designt werden, dass die Sortierbarkeit und die Recyclingfähigkeit möglich wird und die Sortieranlagen erst nach und nach modernisiert werden. Man muss bei der Kommunikation, daher **mit offenen Karten spielen**: Bitte entsorgt alle Kunststoffverpackungen in der Gelben Tonne, auch wenn ein Teil derzeit noch verbrannt werden muss!

Abfallwirtschaft anders erleben

Mit der rein theoretischen Wissensvermittlung – etwa durch Broschüren oder Berichte – wird nur ein Teil der Bevölkerung angesprochen. Die praxisnahe, humorvolle Kommunikation nimmt daher bei der 48er einen immer größeren Stellenwert ein. Bilder, Videos, lustige Sprüche, coole Müllaufleger*innen oder Straßenkehrer*innen helfen dabei, auch die Wiener Abfallwirtschaft „hip" zu machen. Die Abfallwirtschaft greifbar zu machen, schaffen wir durch interaktive, zeitgemäße Spiele, Workshops oder Führungen in unseren Anlagen. Für Jugendliche gibt es beispielsweise seit 2019 die Erlebniswelt Mistopia im House of Mist, wo abfallwirtschaftliche Rätsel mit viel Geschick gelöst werden müssen – auch das kann Wissensvermittlung sein (siehe Seite 62).

Mistopia, die Erlebniswelt im House of Mist. (© feelimage/Felicitas Matern)

Mit den vielfältigen Besichtigungsangeboten der Abfallbehandlungsanlagen zeigen wir, dass wir nichts zu verbergen haben. Wir präsentieren, was wir bewegen und täglich leisten. Unsere Anlagen stinken und rauchen nicht oder haben sonst einen Ekelfaktor, was ansonsten mit Abfällen assoziiert wird. Es werden positive Eindrücke geschaffen, die lange bleiben.

Werbekampagnen mit Schmäh

Wir belehren die Bevölkerung nicht vordergründlich, sondern versuchen, sie mit viel Humor und mit einem Augenzwinkern zu erreichen. Auffallende Kampagnen ergänzen die rein sachlich geführte Kommunikation und motivieren so die Bevölkerung nachhaltig.

Beispiele für Kampagnen der MA 48. (© Unique bzw. UniqueFessler)

Weitere Informationskanäle

Natürlich informieren wir die Bevölkerung auch auf den Webseiten der Stadt Wien, über unsere Social-Media-Kanäle oder die 48er-App. Hier können alle öffentlichen Sammeleinrichtungen wie Mistplätze, Problemstoffsammelstellen oder Altstoffsammelinseln im Stadtplan gefunden werden. Das 48er-Mist-ABC gibt es sowohl im Web als auch in der 48er-App. Hier sind hunderte Produkte mit den ordnungsgemäßen Entsorgungswegen angeführt und mittels einfacher Suchfunktion abrufbar.

Seit 2023 gibt es unsere neuen faltbaren Pocket-Trenninfos nicht nur in 17 Sprachen, sondern auch auf Wienerisch. Informativ, kompakt, mit Witz und Augenzwinkern getextet, ist es der kleinste Baustein im 48er-Informationsangebot.

Motivation durch Strafen?

Und wenn gar nichts hilft: Strafen können auch ein bestechendes Argument sein, sich an die Spielregeln zu halten. Mit Inkrafttreten des Wiener Reinhaltegesetz 2008 und dem Einsatz der WasteWatcher haben Verunreinigungen im öffentlichen Raum stark abgenommen.

Die Eigenverantwortung bzw. das Unrechtsbewusstsein sind gestiegen. Wird man einmal gestraft, so spricht es sich auch bei den Bekannten und der Familie herum. Die Strafe führt dadurch zu einem positiven Schneeballeffekt, frei nach dem Motto: „Es kann jede*n treffen". Uns ist es dabei gelungen, dennoch sympathisch zu bleiben: WasteWatcher werden trotz allem akzeptiert: Bezirksvertreter*innen und viele Wiener*innen melden Verunreinigungen und wünschen sich die WasteWatcher in ihrem Grätzel.

Saubere Infrastruktur

Die 48er-Papierkörbe sind
praktisch, schön und sauber.
(© MA 48)

Neben einem dichten Sammelangebot müssen auch Behälter, Fahrzeuge, Behandlungsanlagen, Gebäude oder die Dienstkleidung in Schuss gehalten werden, um nicht desolat zu wirken. Das beste Sammelangebot wird nicht genutzt, wenn die Behälter stinken oder schmutzig sind, da sich die Benutzer*innen ekeln. Eine regelmäßige Reinigung, Entfernung von Graffiti oder die rasche Reparatur von defekten Behältern sind daher immens wichtig.

Wenn mal was nicht passen sollte ...

…wir machen's wieder gut! Schnell und unkompliziert. Einige sehen Beschwerden und Anfragen als lästiges Übel, die nur eine Menge Arbeit nach sich ziehen und als Nörgelei angesehen werden.

Kein Wunder daher, dass diese Art der Kommunikation so weit wie möglich erschwert wird: Elendslange Warteschlangen am Telefon oder für Wochen unbeantwortete E-Mails. Ja, das war wohl mitunter auch so bei der 48er.

Mittlerweile hat sich der Umgang mit Beschwerden komplett verändert. Heute kann mit Fug und Recht behauptet werden, dass wir ein vielfach besseres Kund*innenservice haben als so manche Anbieter*innen in der Privatwirtschaft. Anliegen bzw. Beschwerden werden ernst genommen und als Chance für Verbesserungen gesehen.

Egal, ob der Behälter nicht entleert wurde oder der Sperrmüll auf der Straße liegt: Auf die 48er ist Verlass. Wir reagieren so bald wie möglich – teils innerhalb weniger Stunden und beseitigen den Übelstand.

Auch dieses Bürger*innenservice spricht sich herum und schafft generelles Vertrauen in die Arbeit der 48er. Das motiviert dann noch viel mehr, Müll zu trennen oder nichts auf den Boden zu schmeißen und Respekt vor den Mitarbeiter*innen zu haben.

Andererseits hebt es auch das Selbstverständnis und den Stolz unserer Mitarbeiter*innen: Wir sind die 48er!

E-Mails werden innerhalb von 3 Tagen beantwortet und beim Misttelefon gibt es die Anforderung, 80 % der Anrufe innerhalb von 20 Sekunden entgegenzunehmen – und das von Montag bis Samstag von 8:00 bis 18:00 Uhr.

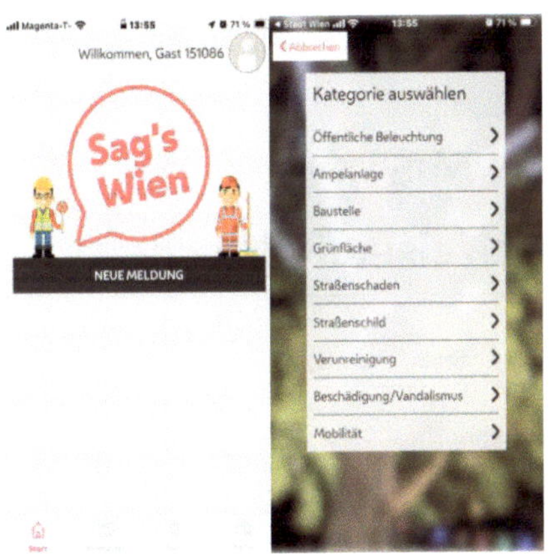

Die Oberfläche der Sag's Wien - App. (© MA 48)

Seit 2017 können Bürger*innen Wahrnehmungen über Gefahrenquellen (z.B. umgewehte Baustellengitter, lose Fassadenteile, defekte Kanaldeckel) oder sonstiger Ärgernisse (z.B. Verunreinigungen) in der Stadt auch über die App „Sag's Wien" unkompliziert melden. Die jeweils zuständige Dienststelle wird automatisch mit den nötigen Informationen versorgt.

Mittlerweile gelangen rund 50 % aller Beschwerden über diesen Weg zur 48er.

Geschafft:

Wir sind Kreislaufwirtschaft!

Wir schreiben das Jahr 2050. Mit vereinten Kräften haben wir in Wien das scheinbar Unmögliche geschafft: Stoffkreisläufe sind im Bereich der kommunalen Abfallwirtschaft geschlossen. Nichts wird ungenutzt deponiert.

Maximaler Ressourcen – und Klimaschutz durch

- Abfallvermeidung.
- Getrennte Sammlung.
- Kompostierung.
- Wertstoffgewinnung aus Restmüll.
- CO_2-neutrale Energiegewinnung.
- Wertstoffgewinnung aus Verbrennungsrückständen und Klärschlamm.

BAU KAN MIST!

Zero Waste ist 100 % Kreislaufwirtschaft!

Er kann dann mal kurz auf Pause gehen, …

Was wir sonst noch fürs Klima tun

Sonnenpower

Auf vielen 48er-Liegenschaften produzieren wir bereits Strom und Warmwasser für den Eigenbedarf, Überschussstrom wird in das Wiener Stromnetz eingespeist. Seit 2008 werden insbesondere bei Neu- und Umbauten Solaranlagen errichtet. Mittlerweile wird Sonnenenergie für die Heizung, Warmwasserversorgung und Elektrizität vieler Unterkünfte genutzt. Selbst das Warmwasser unserer Behälterwaschanlage am Standort Rinter stammt aus dieser klimaneutralen Energieversorgung. Die Stromversorgung vieler großer und kleiner Betriebsgebäude, wie der Deponie Rautenweg, dem Standort Rinter sowie neuer Mistplätze, erfolgt mittels Photovoltaikanlagen. Derzeit gibt es bereits 27 Photovoltaikanlagen sowie 8 Solarthermie-Anlagen auf Standorten der MA 48. In Summe steht uns eine Fläche von über 10.000 m² zur Produktion von Öko-Energie zur Verfügung.

2021 wurde zudem von der Wien Energie, die größte Agrar-Photovoltaikanlage Wiens am Standort Schafflerhof auf Flächen der 48er und des Forst- und Landwirtschaftsbetriebs der Stadt Wien errichtet. 2023 wurde die Anlage erweitert.

Das größte Solarkraftwerk Wiens beim 48er-Standort Schafflerhof. (© Popp-Hackner)

E-Mobilität

Nach zahlreichen elektrisch betriebenen Pkws und einer Kehrmaschine wurde 2019 auch das erste vollelektrische Müllsammelfahrzeug Österreichs angeschafft und gemeinsam mit den Produzent*innen auf die Bedürfnisse der 48er angepasst.

Unser erstes E-Müllsammelfahrzeug beim Austrian Climate Summit. (© feelimage/Felicitas Matern)

Auch ein Wasserstoff-Müllsammelfahrzeug ist bereits versuchsweise im Einsatz. (© Votava)

In Wien fährt seit 2023 auch unser erstes mit Wasserstoff betriebenes Müllsammelfahrzeug. Das neue Fahrzeug ersetzt ein Dieselfahrzeug, ist sehr leise und emissionsfrei unterwegs. Getankt wird grüner Wasserstoff bei der H_2- Tankstelle von Wien Energie im 21. Bezirk.

Der für die E-Flotte benötigte Strom wird bei unseren E-Ladestationen entnommen.

Die internationale Entwicklung klimafreundlicher Antriebe, wie beispielsweise Elektro- bzw. Wasserstofffahrzeuge, wird stetig vorangetrieben und laufend beobachtet.

E-Papierkörbe

Seit 2020 gibt es die ersten smarten und solarbetriebenen Papierkörbe mit dem Namen „Mr. Fill". Die weggeworfenen Abfälle werden im Inneren automatisch verdichtet, wodurch ein deutlich größeres Fassungsvermögen als bei herkömmlichen Modellen zur Verfügung steht. Der für die Verdichtung nötige Strombedarf wird von den, im Deckel integrierten, Photovoltaik-Modulen bereitgestellt.

Mr. Fill, einer unserer solarbetriebenen Papierkörbe. (© MA 48)

Begrünungsmaßnahmen

Anstelle einer konventionellen thermischen Sanierung statteten wir bereits vor über 10 Jahren unsere Zentrale in Margareten mit einer Grünfassade aus. Das erfolgreiche Pilotprojekt war Vorreiter für den Einbau vieler weiterer natürlicher Klimaanlagen inner- und außerhalb Wiens. Rund 2.850 Laufmeter Aluminiumschalen wurden auf einer Fassadenfläche von rund 850 m² mit knapp 17.000 Pflanzen, wie Stauden, Grasnelken, Lavendel, Gräsern und Kräutern, bepflanzt.

Die positiven Effekte der Grünfassadengestaltung sind vielfältig und umfassen beispielsweise Verbesserungen im Bereich des Mikroklimas, des Lärmschutzes, der Biodiversität, der Ästhetik oder des Schutzes der Bausubstanz vor direkter UV-Einstrahlung, Schlagregen und Schmutzablagerungen.

Zudem werden pro Jahr rund 5.600 kg CO_2 gebunden. Die Kühlleistung von 135 kW entspricht 45 Klimageräten mit je 3.000 Watt, welche pro Jahr acht Stunden im Dauerbetrieb genutzt werden. Durch unser Pilotprojekt konnten wir auch zu den Aktivitäten der Stadt Wien – Umweltschutz zur Forcierung von Gebäudebegrünungen in der Stadt beitragen, weil wir nun die positiven Effekte in der Praxis zeigen und spürbar machen können.

Mittlerweile bauen wir die Begrünung unserer Gebäude stetig aus. Insbesondere wird diese ökologische Ausgestaltung bei Neu- oder Umbauten umgesetzt. Beispiele hierfür sind das House of Mist, der neue Mistplatz Favoriten, der Mistplatz Hernals u.v.m.

Grünfassade der 48er Zentrale, 2019 (© PID/Votava)

Literaturverzeichnis

[1 Zero Waste Alliance, „Zero Waste Definition," [Online]. Available:
]   https://zwia.org/zero-waste-definition/. [Zugriff am 05 05 2023].

[2 Europäisches Parlament, „Modell der Kreislaufwirtschaft,"
]   [Online]. Available: https://s3-eu-west-
    1.amazonaws.com/europarl/circular_economy/circular_econom
    y_de.svg. [Zugriff am 05 05 2023].

[3 Klimabündnis Österreich, „Circular Futures - Kreislaufwirtschaft,"
]   [Online]. Available:
    https://www.klimabuendnis.at/images/doku/Vortrag%20Klimab
    ndnis%20J%20Dittrich%2003122020.pdf. [Zugriff am 05 05 2023].

[4 U. E. M. I. u. T. Bundesministerium Klimaschutz,
]   „Kreslaufwirtschafts-Strategie," 07 12 2022. [Online]. Available:
    https://www.bmk.gv.at/themen/klima_umwelt/abfall/Kreislaufw
    irtschaft/strategie.html. [Zugriff am 05 05 2023].

[5 Stadt Wien, „Oekobusiness Wien," [Online]. Available:
]   https://www.wien.gv.at/umweltschutz/oekobusiness/. [Zugriff
    am 10 August 2023].

[6 Stadt Wien, „ÖkoKauf Wien," [Online]. Available:
]   https://www.wien.gv.at/umweltschutz/oekokauf/. [Zugriff am 10
    August 2023].

[7 Stadt Wien, „Wiener Reparaturbon," [Online]. Available:
]   https://www.wien.gv.at/umweltschutz/wienerreparaturbon.html
    . [Zugriff am 10 August 2023].

[8
]   United Nations Environment Programme ;, „Emissions Gap
Report 2023: Broken Record," UNEP, Nairobi, 2023.

[9
]   Circle Economy, „https://www.circularity-gap.world/," [Online].
Available: https://www.circularity-gap.world/2023. [Zugriff am
05 12 2023].

[1
0]   Global Foodprint Network, „Earth Overshoot Day," [Online].
Available: https://www.overshootday.org. [Zugriff am 10 August
2023].

[1
1]   International Resource Panel,
„https://www.resourcepanel.org/," [Online]. Available:
https://www.resourcepanel.org/reports/global-resources-
outlook. [Zugriff am 05 12 2023].

[1
2]   Europäische Kommission, „EUR-lex," 2020. [Online]. Available:
https://eur-lex.europa.eu/legal-
content/DE/TXT/PDF/?uri=CELEX:52020DC0474. [Zugriff am 17
11 2023].

[1
3]   Papst Franziskus, „https://www.vatican.va," LIBRERIA EDITRICE
VATICANA, 24 05 2015. [Online]. Available:
https://www.vatican.va/content/francesco/de/encyclicals/docu
ments/papa-francesco_20150524_enciclica-laudato-si.html.
[Zugriff am 2023 05 2023].

[1
4]   S. Wien, „Wien Geschichte Wiki," [Online]. Available:
https://www.geschichtewiki.wien.gv.at/M%C3%BCllabfuhr.
[Zugriff am 10 August 2023].

[1
5]   Europäische Kommission, „European Union," 04 2020. [Online].
Available: https://op.europa.eu/en/publication-detail/-
/publication/bb444830-94bf-11ea-aac4-

01aa75ed71a1/language-en/format-PDF/source-304998985. [Zugriff am 07 02 2024].

[1 Öko+, „Klimarelevanz der Wiener Abfallwirtschaft," 2020.
6]

[1 WWF, „www.wwf.at," Juli 2021. [Online]. Available:
7] https://www.wwf.at/wp-content/uploads/2021/07/driven_to_waste_summary.pdf. [Zugriff am 18 August 2023].

[1 DI Gudrun Obersteiner, „Universität für Bodenkultur," [Online].
8] Available: https://boku.ac.at/news/newsitem/59144. [Zugriff am 11 August 2023].

[1 Sinus Markt- und Sozialforschung GmbH, „https://www.sinus-
9] institut.de/," [Online]. Available: https://www.sinus-institut.de/sinus-milieus/sinus-milieus-oesterreich. [Zugriff am 29 09 2023].

[2 Integral, „www.ara.at," [Online]. Available:
0] https://www.ara.at/uploads/Dokumente/ARA-Verein/ARA-Sinus-Milieu-Studie.pdf. [Zugriff am 29 09 2023].

[2 M.-P. M. Amalia, „JRC Publications Repository," Publications
1] Office of the European Union, 02 03 2018. [Online]. Available: https://publications.jrc.ec.europa.eu/repository/handle/JRC1106 29. [Zugriff am 07 02 2024].

[2 European Environment Agency (EEA),
2] „https://www.eea.europa.eu," 4 3 2024. [Online]. Available: https://www.eea.europa.eu/publications/the-destruction-of-returned-and/. [Zugriff am 4 3 2024].

[23] Magistrat der Stadt Wien, „Wiener Klimafahrplan," 03 2022. [Online]. Available: wien.gv.at/klimafahrplan. [Zugriff am 05 05 2023].

[24] „https://www.bmk.gv.at/," [Online]. [Zugriff am 12 05 2023].

[25] Greenpeace, „greenpeace.at," [Online]. Available: https://greenpeace.at/presse/greenpeace-berechnung-14-millionen-pakete-aus-oesterreich-mit-neuwertiger-kleidung-und-elektronik-vernichtet/. [Zugriff am 20 11 2023].

[26] C. Pladerer, G. Fritz und M. Merstallinger, „Wiener Restmüll- und Altsstoffanalyse 2022," 2023.

[27] ECHA - European Chemicals Agency, „https://echa.europa.eu/," [Online]. Available: https://echa.europa.eu/de/hot-topics/microplastics. [Zugriff am 10 01 2024].

[28] European Parliament, „European Parliament," 22 11 2018. [Online]. Available: https://www.europarl.europa.eu/news/en/headlines/society/20181116STO19217/microplastics-sources-effects-and-solutions. [Zugriff am 07 02 2024].

[29] Magistrat der Stadt Wien Magistratsabteilung 20 – Energieplanung , „Energiebericht 2023," 07 2023. [Online]. Available: https://www.wien.gv.at/spezial/energiebericht/treibhausgas-emissionen/emissionen-nach-sektoren-nach-bli/#tabelle_id. [Zugriff am 01 03 2024].

Über die Autoren

© feelimage/Matern

Josef Thon ist seit 2004 Abteilungsleiter der 48er. Er ist der Initiator für dieses Buch und das Mastermind hinter dem Projekt „Bau kan Mist! Mit 48 Schritten zu Zero Waste".

© feelimage/Matern

Ulli Volk ist seit 2002 bei der 48er. Nach Jahren in der Öffentlichkeitsarbeit leitet sie nun den Fachbereich Kreislaufwirtschaft.